Die Irrwege der Energiewende

DR. ELLEN WALTHER-KLAUS
DR. LUDGER WALTHER

Die Irrwege der Energiewende

Wenn die Zahlen nicht mitspielen

Eine Energiewende ist allein
mit den erneuerbaren Energien
nicht machbar.

Bibliografische Information der Deutschen Nationalbibliothek
Die Deutsche Nationalbibliothek verzeichnet diese Publikation
in der Deutschen Nationalbibliografie;
detaillierte bibliografische Daten sind im Internet
über http://dnb.d-nb.de abrufbar.

Umschlagdesign, Satz, Herstellung und Verlag:
BoD – Books on Demand, Norderstedt

ISBN 978-3-7578-4375-5

Inhalt

1. Einleitung

Staatliche Planwirtschaft ist wie ein Baum mit weit ausladender Krone. Aber in ihrem Schatten wächst nichts.
HAROLD MACMILLAN, BRITISCHER PREMIERMINISTER 1957–1963

Ein guter Vergleich zu den Windkraftanlagen. Es wächst unter den breiten Flügeln nichts und sie liefern auch das Gewünschte nicht, nämlich so viel brauchbaren Strom, dass die Versorgung einer Industrienation, wie Deutschland es bis vor kurzem noch war, gesichert ist.

Die vorliegende Abhandlung richtet sich an Interessierte, die nicht „glauben" wollen, sondern selbst nachvollziehen wollen, was an Zahlen und Daten über die sogenannten erneuerbaren Energien präsentiert wird und ob die daraus von den Verantwortlichen gezogenen Schlüsse adäquat und sinnvoll im Sinne naturschützender, klimarettender und wirtschaftlicher Überlegungen sind.

Alle präsentierten Ergebnisse sind mit eigenen Analysen, Modellierungen und Algorithmen berechnet worden, ebenso wie die Grafiken aus diesen Berechnungen heraus erstellt worden sind.
Jeder Leser, der interessiert daran ist, kann diese Algorithmen einsehen und selbst Berechnungen für variierende Betrachtungszeiträume und Variable wie z.B. Strom-Produktion, Strom-Bedarf durchführen.[1]

---

1   Interessierte wenden sich per Mail an waltherellen22@gmail.com

Es geht nämlich, wenn Fehler in den Berechnungen auftreten, um Größenordnungen. Und es ist ein großer Unterschied, ob es sich um „Mega", „Giga" oder „Tera" handelt oder um die Angabe kW als Einheit von Leistung oder um kWh als Einheit der Energie beziehungsweise der Arbeit handelt. Dabei sind es gerade die Betrachtungen von Größenordnungen, die für die Gesellschaft und die Umwelt zu fatalen Entscheidungen führen können. Deswegen wird eine begriffliche Klärung von Größen und Einheiten in dem vorliegenden Text in § 3 vorangestellt.

Die Vorgänge rund um die erneuerbaren Energien sind höchst komplex. Sehr viele Faktoren spielen eine bedeutende Rolle und machen Untersuchungen von Abhängigkeiten schwierig, umso genauer muss man hinschauen, analysieren und angemessen modellieren.

Um die Machbarkeit der Energiewende zu beurteilen, muss eine Reihe von Fragen beantwortet werden:
- Welche Daten werden auf welcher Basis gewonnen? Sind es tatsächliche Beobachtungen und Messungen? Sind es Schätzungen aus abgeleiteten Formeln? Wer prüft dies?
- Wie werden diese Daten weiterverarbeitet? Wie sind die Methodiken?
- Wie werden die Daten interpretiert?
- Welche Schlussfolgerungen werden aus den verarbeiteten Daten gezogen?

Und ganz wesentlich:
- Welche wirtschaftlichen und naturschutzrelevanten Konsequenzen haben diese Schlussfolgerungen?
- Werden unterschiedliche Folgerungen unvoreingenommen oder ideologisch diskutiert?

Für die nachfolgenden Darstellungen wurden, wie in Abschnitt 2 ausführlich dargestellt, nur offiziell zugängliche Datenquellen herangezogen. Die Gewinnung dieser Daten ist im Einzelfall für die Öffentlichkeit nicht nachprüfbar; es sind allerdings die Daten, aus denen die für die Regierung aufbereiteten Erkenntnisse gewonnen werden. Die detaillierte Offenlegung zur Gewinnung der Daten wäre Usus für wissenschaftliche Methodik, aber wie gesagt, dies haben wir nicht, d.h., auch wir müssen mit den vorliegenden Daten arbeiten.

Erfreulich für die Autoren ist, dass auch andere Veröffentlichungen mit anderen Untersuchungsansätzen und Fragestellungen vergleichbare Ergebnisse aufweisen.

Beginnen wir mit einer kurzen politischen Einordnung der aktuellen Geschehnisse um die deutsche Energiewende.

Wir leben in einer schwierigen Zeit – hausgemacht. Die deutsche Gesellschaft, ihr Wohlstand, ihre Industrie sollen einer Transformation unterworfen werden, wie es sie seit Ende des Zweiten Weltkrieges nicht mehr gegeben hat. Die Notwendigkeit dafür wird von den Protagonisten der Energiewende begründet mit der Beteiligung Deutschlands am sogenannten Klimawandel. Dabei ist Deutschland für höchstens 2% des Ausstoßes aller „Klimagase" weltweit verantwortlich, wobei nicht berücksichtigt wird, wie hoch die Effizienz z.B. im Stahlbau im Vergleich zu Industrien in anderen Ländern ist.

Dafür wird Deutschland – unter der Parole der Klima-Neutralität bis 2045 – eine Vorreiterrolle beim Einsatz der „Erneuerbaren Energien" angedichtet. Die Wahrheit ist eher, dass Deutschland mittlerweile weltweit als eher abschreckendes Beispiel dient nach dem Motto: Über Spanien lacht die Sonne, über Deutschland lacht die Welt.

Je gigantischer die Planungen der Regierung werden, je gigantischer die Dimensionen, desto größer die damit verbundene Uneinsichtigkeit und die vollkommene Ignoranz der mathematisch-naturwissenschaftlichen Gesetze durch die Protagonisten. Phantasien statt Daten und Fakten, es wird geträumt, was das Zeug hält unter tatkräftiger Mitwirkung der meisten Medien und leider auch vieler willfähriger Wissenschaftler. Man liest z.B.:

- „Deutschland wird ein neues Wirtschaftswunder erleben",
- „Wir sehen ein neues Deutschland-Tempo"
- „Die Energiewende kostet nur eine Kugel Eis",
- „Wir haben Speicher noch und nöcher",
- „Wir brauchen ein neues Mind Set",
- „Der Strom wird nach dem Abschalten der KKW total billig" usw.

Die Glaubwürdigkeit dieser Parolen muss man vor dem aktuellen politisch-wirtschaftlichen Hintergrund in Deutschland messen:

- Völlig aus dem Ruder laufende Großprojekte wie BER, Stuttgart 21, Münchens zweite S-Bahn-Stammstrecke, neues Bundeskanzleramt, scheiternder Ausbau der deutschen Stromnetze.
- Marode Infrastruktur wie Autobahnen, Schulen, Innenstädte,
- Marodes Bildungssystem.
- Fehlender Wohnungsbau.

- Zunehmender Fachkräftemangel, Abwanderung qualifizierter und Zuwanderung unqualifizierter Sozialleistungs-Empfänger.
- Überforderte Landkreise und Gemeinden durch Migrationsüberlastung.
- Zunehmende Abwanderung der Industrie.
- Drohender Kollaps der Sozial- und Rentensysteme.
  Auch hier lässt sich die Liste weiter fortsetzen.

Eine Verordnung jagt die andere, wobei sich in der Regel im Nachhinein immer wieder herausstellt, dass die Umsetzung aus technischen Gründen und vielfach daraus abgeleitet auch aus wirtschaftlichen Gründen nicht durchführbar ist. Beispiele dafür sind die Förderung der E-Autos und die Gesetze zur Abschaffung funktionierender Heizungssysteme. In der Regel fehlt das Material, die Handwerker und vor allem die Kenntnis über mögliche, schädliche Folgewirkungen und vor allem die Sinnhaftigkeit dieses Tuns. Ausschließliche Begründung ist das Klima und dessen „Rettung". Dabei werden alle anderen Ziele wie der Naturschutz geopfert.

Obwohl sich inzwischen erste noch zaghafte Widerstände regen, halten Industrie- und Interessenverbände immer noch erstaunlich still. Nur wenig werden die exorbitanten Energiepreise, die beginnende Abwanderung der Industrie und der qualifizierten Menschen und der zunehmende Fachkräftemangel thematisiert. Auch in der Bevölkerung setzt sich erst langsam die Erkenntnis durch, dass bereits Anfang 2024 (oder etwas später?) funktionierende Heizungssysteme zwangsweise entfernt und Wohnungen zu unbezahlbaren Kosten saniert werden sollen, was einer großflächigen Enteignung von Wohneigentum gleichkommt. Die Entwicklungen ändern sich im Stundentakt, vernünftige Planungen werden unmöglich.

Es steht zu befürchten, dass – wenn sich nicht schnellstens sehr viel ändert in der Politik – Deutschland bis 2045 in Zustände geraten wird, die denen genau ein Jahrhundert davor nicht völlig unähnlich sind. Mit dem Unterschied allerdings, dass damals die finalen Zerstörungen von außen erfolgten und heute von innen.

Was die sogenannte Energiewende vollständig ad absurdum führt, ist eine Analyse der mathematischen, physikalischen und technischen Gegebenheiten, die sehr schnell offenbart, dass eine Energiewende allein mit den „Erneuerbaren" Energien Wind und PV aufgrund deren Unzuverlässigkeit nicht gelingen kann. Um das zu beweisen werden im Folgenden auf Basis numerischer Analysen und Modellierungen die Folgen der deutschen „Energiewende" untersucht.

Diese Untersuchungen beruhen auf öffentlich zugänglichen Zahlen, Daten und Fakten offizieller Behörden und Institutionen.

Ein zivilisiertes Noch-Industrieland wie Deutschland lässt sich nicht einmal ansatzweise allein durch Wind und Sonne mit elektrischer Energie versorgen.

Der wesentliche Grund dafür ist die beispiellose Volatilität (Schwankungsbreite) dieser beiden Stromlieferanten. Niemals – auch nicht ansatzweise – kann der vorhandene Strombedarf eines Industrielandes in Einklang gebracht werden mit der angebotenen Energie durch Windkraft- oder Photovoltaik-Anlagen. Es sei denn, man unterstellt, dass zum Ausgleich der Volatilität innerhalb weniger Jahre eine gigantische revolutionäre Infrastruktur mit einem Aufwand im Billionen-Euro-Bereich (das werden wir vorrechnen!) aus dem Boden gestampft werden kann, deren technische Grundlagen heute zum Teil nur im Labor-Maßstab erprobt sind. Für die geforderten Dimensionen der benötigten Anlagen würde die Fläche in Deutschland nicht reichen.

Der zweite große Mangel der „Erneuerbaren" – im Gegensatz zu den konventionellen Erzeugern – ist:

- sie können zwar jederzeit abgeregelt werden,
- aber sie können nie „aufgeregelt" werden, wenn der Wind nicht weht und die Sonne nicht scheint.

Dass der Wind nicht weht und die Sonne nicht scheint, kommt leider sehr häufig vor.

Da hilft auch eine beispiellose Vervielfachung der Wind- und PV-Anlagen nichts, denn tausendmal null ist immer noch null.

Um das Problem der Volatilität zu lösen, träumen inzwischen einige Protagonisten von einer grünen Wasserstoff-Wirtschaft. Auch dieses Thema wird technisch-finanziell auf seine Machbarkeit untersucht und als ziemlich illusorisch entlarvt. Kein anderes ernstzunehmendes Industrieland auf der Welt hat sich bisher – wie Deutschland – auf den Weg in eine derartige vollständige Abhängigkeit von den unzuverlässigen Stromerzeugern Wind und PV gemacht. Die gegenwärtige Realität der Strompolitik in Deutschland führt dies auch bereits ad absurdum.

Diese beiden Fotos sprechen für sich:

Abbildung 1: „Zuwegung" für eine neue WKA, Rotorlänge über 70 Meter, markiert ist ein Spaziergänger

Abbildung 2: „Gelände-Vorbereitung" im Wald

Die Folgen des aktuellen WKA-Wahns z.B. in Bayern kann man hier eindrucksvoll studieren.

Naturschutz gibt es dort nicht mehr und Wälder sind überholt. Die Waldbesitzer freuen sich stattdessen über eine üppige Jahrespacht im hohen fünfstelligen Bereich.

Die Zerstörungen werden wohl dauerhaft sein, weil die Anlagen ja angeblich nach ca. 20 Jahren „re-powert" werden sollen. Man kann davon ausgehen, dass hier pro WKA-Stellfläche ohne die „Zuwegungen" ca. 10 ha Wald abgeholzt werden. Das Motto lautet:

Wir zerstören den Planeten, um ihn zu retten!

Dabei findet man nur in Deutschland diese Rigorosität und Einseitigkeit.

Fassen wir die aktuellen Gegebenheiten zusammen:

1. Das geforderte Ziel der Energiewende ist der komplette Verzicht auf fossile Kraftwerke und Kernkraftwerke.

2. Wind und Sonne sollen als einzige „klimaneutrale" Strom-Erzeuger übrigbleiben, von den marginalen und nicht ausbaubaren Erzeugern Biomasse und Laufwasser abgesehen.

3. Wind und Sonne wehen und scheinen dann, wenn es ihnen passt. Sie lassen sich zwar abregeln, aber niemals „aufregeln", kurz, sie willfahren einfach nicht. Und man kann so viele WKA- und PV-Anlagen hinzubauen, wie man will, null Wind heißt null Strom und tausendmal null ist und bleibt null.

4. Auch eine Verdreifachung oder Verfünffachung der Leistung der WKAs Onshore und Offshore und einer entsprechenden Vervielfachung der PV-Anlagen reicht nicht aus.

5. Der Flächenfraß durch WKA ist ungeheuerlich. Bei einer Vervielfachung von heute 30.000 auf demnächst 100.000 WKA Onshore und einem angenommenen Flächenbedarf von 0,4 km² pro WKA (damit diese sich nicht gegenseitig verschatten) werden 40.000 km² Fläche benötigt, das sind über 11% der Gesamtfläche Deutschlands! Absurd und Täuschung sind damit die 2%, die das gegenwärtige Wind-an-Land-Gesetz ausweist!

6. Man muss sich diese Dimensionen bildhaft vorstellen und sieht die unglaubliche Zerstörung der Landschaft.

7. Eine Erhöhung des EE-Ausbaus bringt darüber hinaus nichts, wenn nicht gleichzeitig für Zeiten der Dunkelflauten oder für Zeiten, in denen Wind und Sonne nicht reichen, um den Bedarf zu decken, auch hinreichende Speicherkapazitäten zur Verfügung stehen.

8. Die Produktion von Strom durch Wind und Sonne ist geprägt durch ihre Volatilität, auch kurz „Zappelei" genannt. Und das ist und bleibt das Problem für eine verlässliche, grundlastfähige Stromversorgung, umso mehr dann, wenn der Bedarf durch Elektromobilität und sogenannte neue Heizungssysteme, wie z.B. Wärmepumpen, in die Höhe getrieben wird.

9. Die zwingende Notwendigkeit von Windkraft- und PV-Anlagen wird immer begründet mit dem Klimawandel, der Atommüll-Problematik und der Abhängigkeit von ausländischen

Energielieferungen. Die Realität des deutschen Weges der sogenannten Energiewende konterkariert geradezu diese Argu-
mentationskette, wie man gegenwärtig jeden Tag nicht nur
aus der Presse entnehmen kann, sondern man kann dies auch
mit den Daten aus den einschlägigen Energieportalen selbst
durchrechnen, anstatt es zu glauben[2].

10. Es gibt – und das lässt sich anhand der Wetterdienste zeigen – immer Zeiten, wo weder der Wind weht noch die Sonne
scheint und das europaweit. Während andere europäische
Länder ihren CO_2-Ausstoß deutlich verringert haben, steigt
der Anteil Deutschlands am CO_2-Ausstoß weiter, weil durch
das Abschalten der Kernkraftwerke und die Volatilität der
EE immer mehr Gas-, Kohle- und Braunkohlekraftwerke für
die Stabilität unserer Energieversorgung eingesetzt werden
müssen.

11. Die Realität der deutschen Energiewende ist ein Beispiel für
einen kompletten Fehlschlag. Deutschland hat die höchsten
Stromkosten der Welt und das auch noch auf Kosten unserer
Landschaften und Naturschutzgebiete unter dem Deckmantel
des Klimaschutzes.

12. Die zunehmende Abhängigkeit vom Gas treibt uns immer weiter in die Abhängigkeit anderer Staaten.

13. Ein Faktor, der bislang wenig, wenn sogar überhaupt nicht,
konsequent diskutiert worden ist und wird, sind die Dimensionierungen, die Größenordnungen der EE, die mindestens

---

2   André D. Thess, Sieben Energiewendemärchen, Springer 2020.

benötigt werden, um überhaupt den Bedarf an Strom abzude-
cken, ein Bedarf, der auch durch die E-Autos und die Wärmepumpen immens steigt und steigen wird. Auch die Hysterie
wird weiter steigen.

14. Die vollständige Abschaffung jeglicher konventionellen
Kraftwerke und der weitere Ausbau der WKA und PV sowie
die im Wochen- wenn nicht Tagesrhythmus neuen Verord-
nungen und Gesetze sind Folgen der Negierung mathemati-
scher, naturwissenschaftlicher Gesetze, der Statistik und der
technischen Machbarkeit. Auch fehlt jegliche Folgenabschät-
zung, so dass dann ebenfalls im Wochen- oder Tagesrhythmus Gegenmaßnahmen ergriffen werden müssen, wenn nicht
unmittelbar der Katastrophenfall eintreten soll. Kurzfristiges
Agieren ist angesagt.
Beste Beispiele dafür sind der Rückgriff auf Braunkohle- und
Steinkohlekraftwerke in auftretenden Dunkelflauten, die
Deutschland zum Vizeeuropameister des CO_2-Austoßes im
letzten Jahr gemacht haben oder die Propagierung von LNG-
Importen, deren Herbeischaffung Tankergroßeinsätze erfordern würde, die a) mit Schweröl von weit her das LNG anlie-
fern und b) fast alle weltweit verfügbaren Tanker dann nur
noch nach Deutschland fahren müssen, um den Energiebe-
darf hier in Deutschland zu decken.

15. Der Untergang der Wirtschaft, des Wohlstands und der in-
dividuellen Freiheit, Strom dann zu verbrauchen, wenn der
Stromkunde den Strom braucht und nicht, wenn er zur Verfügung gestellt wird, sind voll im Gange. Die Energiewende- und
Klimadiskussionen werden in Deutschland in der Regel rein
ideologisch geführt und sind von sachlichen und faktischen

Debatten weit entfernt. Der Dunning-Kruger-Effekt schlägt zu[3]. Der Dunning-Kruger-Effekt bezeichnet die kognitive Verzerrung im Selbstverständnis inkompetenter Menschen, das eigene Wissen und Können zu überschätzen. Diese Neigung beruht aus der Unfähigkeit, sich selbst mittels Metakognition objektiv zu beurteilen. Kurz: Je kleiner das Licht auf der Torte der Menschheit, desto größer die Selbstüberschätzung.

16. Fehlschlüsse aufgrund mangelnder Kenntnis gegebener Gesetzmäßigkeiten sind an der Tagesordnung. Eine Versachlichung setzt eben diese Kenntnis voraus.

17. In der vorliegenden Abhandlung werden die verschiedenen, derzeit diskutierten oder bereits verabschiedeten Gesetze zur Umsetzung der Energiewende detailliert analysiert und mathematisch modelliert sowie Folgeabschätzungen gegeben und Konsequenzen aufgezeigt.

    Dazu wurden mehrere hunderttausende Einzeldaten aus verschiedenen offiziellen zugänglichen Datenquellen systematisch untersucht. Die Grafiken sollen dem Leser die Ergebnisse klar und präzise veranschaulichen und Zusammenhänge verdeutlichen.

    Auch wenn die hier präsentierten Daten sich auf die Zeiträume der Jahre 2020, 2021, 2022 beziehen, so weisen vorherige Jahre keine nennenswerten Unterschiede zu den Ergebnissen auf.

---

3 Justin Kruger, David Dunning: Unskilled and unaware of it. How difficulties in recognizing one's own incompetence lead to inflated self-assessments. In: Journal of Personality and Social Psychology. Band 77, Nr. 6, 1999, S. 1121–1134 (englisch, Volltext Stand 3. März 2011 [PDF; 498 kB]).

18. Ein nicht unerheblicher Teil der gemachten Fehlschlüsse liegt in der unpräzisen Verwendung von Begriffen. Deshalb ist eine Begriffsklärung unerlässlich. Auch der Umgang mit Nullen und die Umrechnung von Einheiten spielen eine große Rolle.

19. Ein weiteres Mittel zur Umgehung rationaler Schlüsse sind die begrifflichen Euphemismen. Beispiel dafür sind u. a. „Lastverschiebung", „Lastmanagement", „Spitzenglättung", „Smart Meter"; hier wird zum Beispiel kaschiert, dass die sogenannten erneuerbaren Energien nicht in der Lage sind und nicht sein werden, den Bedarf einer Industrienation zu decken.

20. Und von verfügbaren Prototypen, wie beispielsweise im Bereich der Speicher, kann man nicht unbedingt auf deren Verwendbarkeit für eine ganze Industrie, geschweige denn ein ganzes Land ausgehen.

2. Datenquellen im Internet

Folgende im Internet öffentlich zugänglichen Portale liefern die hier ausgewerteten Daten zur Stromerzeugung, Verbrauch und Börsenstrompreisen. Diese Daten sind die Basis der hier beschriebenen numerischen Analysen und Modellierungen. Wie oben gesagt, ist die Gewinnung dieser Daten aus physikalisch-messtechnischer Sicht nicht komplett nachvollziehbar. Sie bilden dennoch die Grundlage für die weitreichenden und langfristigen Konsequenzen für unser Land.

1) Agorameter:
   www.agora-energiewende.de/service/agorameter/
   Die Agora Energiewende bezeichnet sich selbst als Thinktank und Politiklabor, welche für die Energiewende wissenschaftlich fundierte und politisch umsetzbare Wege erarbeitet, damit der Weg in Richtung Klimaneutralität gelingt – in Deutschland, Europa und global.

   In dem Portal werden auch Zukunfts-Szenarien mit „Erneuerbaren"-Anteilen bis zu 86% dargestellt. Bedauerlicherweise gibt es jedoch keinerlei Berechnungen der technisch-wirtschaftlichen Konsequenzen für die Energieversorgung, die aus diesen Zubauten erfolgen würden.

2) Bundesnetzagentur | SMARD.de:
   www.smard.de/home/marktdaten
   Das Portal SMARD wird von der Bundesnetzagentur betrieben und stellt Strommarktdaten zur Verfügung. Die Bundesnetzagentur für Elektrizität, Gas, Telekommunikation, Post

und Eisenbahnen ist eine obere deutsche Bundesbehörde im Geschäftsbereich des Bundeswirtschaftsministeriums.

3) Deutscher Wetterdienst:
   cdc.dwd.de/portal/202209231028/searchview
   Meteorologische Daten, z.B. Windgeschwindigkeiten

4) EnergieMonitor Bayernwerk Netz GmbH:
   www.bayernwerk.de/de/fuer-kommunen/digitale-loesungen/energiemonitor.html
   Das Portal stellt für einige Landkreise und Gemeinden in Bayern die Werte der Stromerzeugung und des Verbrauches dar.

5) Stromdatenanalyse
   www.stromdaten.info
   Das Portal wird privat vom Journalisten Rüdiger Stobbe betrieben und stellt vielfältige Analysemöglichkeiten zur aktuellen Situation zu Stromerzeugung und Verbrauch bereit. Auch künftige Ausbau-Szenarien „Erneuerbarer Energien" werden analysiert. Dazu verarbeitet das Portal die Daten von Agora und SMARD.

6) Aus dem Portal Electricity Maps[4] werden insbesondere Informationen über die CO_2-Emissionen der Strom-Produktion verschiedener Länder entnommen.

Bei genauerem Hinsehen gibt es Unterschiede in den Daten, die zu gleichen Zeiten von verschiedenen Portalen berichtet werden.

---

4   app.electricitymaps.com/map

Tendenziell liefert Agora etwas größere Werte als z.B. die Bundesnetzagentur.

Dafür kann es verschiedene Gründe geben: Unterschiedliche Ermittlungen, unterschiedliche Erfassung bei Messungen, oder die Berechnung der Daten aus Messungen mit verschiedenen Formeln und Annahmen.

An den Ergebnissen und Folgerungen ändert sich prinzipiell dadurch nichts.

3.   Begriffsklärungen

Energieerzeugung:

Der Begriff „Energieerzeugung", der vielfach in der öffentlichen Diskussion verwendet wird, ist physikalisch inkorrekt. Energie kann nie erzeugt – und übrigens auch nicht „gewendet" –, sondern nur umgewandelt werden [5].

Diese Umwandlungen sind zumeist mit unerwünschten Nebeneffekten – Verluste genannt – verbunden. Besonders deutlich sind diese Umwandlungsverluste beim Einsatz fossiler Energieträger wie Kohle und Gas bei der Stromerzeugung. Hier kann nur ein Bruchteil von 30–40% der im Energieträger gespeicherten chemischen Energie über die Verbrennung und die Dampferzeugung in Rotationsenergie von Generatoren und schließlich in elektrische Energie umgewandelt werden. Der Rest der Ursprungsenergie wird im Wesentlichen in Wärme umgewandelt.

Diese Wärmeverluste beruhen nicht auf technischem Unvermögen, sondern resultieren aus den Naturgesetzen der Thermodynamik und können nicht reduziert werden, außer man benutzt die Abwärme zum Heizen (Kraft-Wärme-Kopplung).

Stromerzeugung:

In dieser Abhandlung wird der Begriff „Stromerzeugung" benutzt, wenn die Umwandlung anderer Energieformen (z.B.

---

5   https://www.enbw.com/energie-entdecken/physik/energieerhaltung/#:
     ~:text=Energie%20kann%20weder%20erzeugt%20noch,je%20nach%20
     Umwandlung%20unterschiedlich%20hoch.

Strahlungsenergie der Sonne oder kinetische Energie des Windes oder chemische Energie) in elektrische Energie gemeint ist.

Erneuerbare Energien (EE) oder regenerative Energien:
Diese Begriffe sind ebenso irreführend. Energie kann nur umgewandelt, nicht „erneuert" oder „regeneriert" werden.

Eine gewisse Berechtigung hätten die Begriffe erneuerbare bzw. regenerative Energieträger. Es ist korrekt, dass die fossilen Energieträger frühestens innerhalb von ein paar Millionen Jahren erneuert werden könnten, während die Erneuerbaren Wind und Photovoltaik durch die Sonneneinstrahlung permanent mit Energie versorgt werden.

Wir werden allerdings sehen, dass dieser Vorteil von Wind und PV durch ihre völlige Unzuverlässigkeit (Volatilität) weitgehend zunichtegemacht wird. Wir verwenden die Begriffe Erneuerbare oder regenerative Energien hier trotzdem, weil sie laufend in den aktuellen Gesetzen und Veröffentlichungen verwendet werden.

Klimawandel, Klimaneutralität, Klimagase:
Diese Arbeit befasst sich nicht mit den aktuellen Diskussionen zu diesen komplexen Themen.

Allerdings halten wir es für höchst problematisch, dass:
- diese Themen mittlerweile geradezu eine Monopolstellung in den öffentlichen Diskussionen über unser künftiges Leben einnehmen,
- abweichende Meinungen stigmatisiert werden,
- so getan wird, als wäre „Die Wissenschaft" sich völlig einig zu dem Thema.

Die jetzige propagierte Energiewende hat jedoch einige sehr unangenehme Neben- und Folgewirkungen, die in der Öffentlichkeit in aller Regel nicht oder oft grob verfälscht dargestellt werden und die sich aus den weiteren Analysen und Modellierungen einer Weiterverfolgung der bisherigen Maßnahmen der EE ergeben.

Energie und Leistung:
Bei der Stromerzeugung ist immer genau zu unterscheiden zwischen elektrischer Energie, gemessen z.B. in kWh, und elektrischer Leistung, gemessen z.B. in kW.

Beispiel: Eine gewöhnliche Herdplatte benötigt eine Leistung von 2kW; wird eine halbe Stunde gekocht, wurde eine elektrische Energie (Arbeit) von 1kWh gebraucht und in Wärme umgewandelt.

Anderes Beispiel: Eine WKA erzeugt an einem bestimmten Tag eine mittlere Leistung von 0,5 MW. Dann hat sie an diesem Tag insgesamt eine Energie von $0,5 MW \times 24h = 12 MWh$ erzeugt.

Nennleistung, Peak-Leistung, Installierte Leistung:
Als Nennleistung wird die maximal mögliche Leistung einer Windkraftanlage bezeichnet. Typische Windkraftanlagen an Land (Onshore) besitzen Nennleistungen zwischen 3 und 5 MW. WKA auf See (Offshore) erreichen bereits Nennleistungen über 10 MW.

Mit Peak-Leistung wird die maximal mögliche Leistung einer PV-Anlage bezeichnet. Diese hängt neben der Fläche der PV-Anlage auch ab von der eingesetzten Technologie der Photovoltaik. Typisch sind 0,2 kWp/1 qm.

Als installierte Leistung bezeichnen wir für eine Erzeugungs-Technologie die Summe der Nennleistungen aller Anlagen mit dieser Technologie in Deutschland. So bezeichnet z.B. die installierte Leistung Wind Onshore die Summe der Nennleistungen aller Wind-Onshore-Anlagen in Deutschland, also deren maximal mögliche, nicht tatsächlich erbrachte Leistung.

Wirkungsgrad:
Größte Vorsicht ist bei diesem Begriff geboten. Er wird in den verschiedensten Kontexten oft verwendet ohne eindeutige Definition.

Der „Wirkungsgrad einer Anlage" wird bestimmt über einen gewissen Betrachtungszeitraum, beispielsweise das Jahr 2022, und ist definiert als der Quotient aus der von der Anlage tatsächlich erzeugten Energie und der gemäß der Nennleistung bzw. Peak-Leistung theoretisch maximal möglichen Energie über diesen Zeitraum.

Der Wirkungsgrad von WKA in Deutschland hängt stark vom geographischen Standort ab. Während WKA Offshore Wirkungsgrade über 40% erzielen können und WKA Onshore in Norddeutschland über 30%, erreichen WKA in Süddeutschland teilweise nur Wirkungsgrade von 12%. Hieraus kann man den Schluss ziehen, dass Süddeutschland, insbesondere Bayern, ein Schwachwindland und damit der weitere WKA-Zubau in Bayern sehr fragwürdig ist. Über ganz Deutschland gemittelt ergibt sich im Jahr 2022 für WKA Offshore ein Wirkungsgrad von 35%, WKA Onshore von 20%.

Der Wirkungsgrad von PV-Anlagen hängt ebenfalls stark von der geographischen Position ab, der „sonnige Süden" ist deutlich bevorzugt[6]. Deutschlandweit gemittelt ergibt sich für PV im Jahr 2022 ein Wirkungsgrad von 11%.

Volllaststunden:

Dieser irreführende Begriff wird manchmal bei WKA als Ersatz für den Begriff Wirkungsgrad gebraucht. Hat beispielsweise eine WKA in einem Jahr einen Wirkungsgrad von 20% erbracht, so wird gesagt, dass diese Anlage 1752 Volllaststunden in dem Jahr erzielt hat: 8760h × 0,2 = 1752.

Dies suggeriert die Vorstellung, dass diese Anlage in dem Jahr an 1752 Stunden jeweils tatsächlich volle Leistung, nämlich die Nennleistung, geliefert hat. In Wirklichkeit kann es aber sein, dass die Anlage in keiner einzigen Stunde des Jahres die Nennleistung erbracht hat. Aus diesem Grunde benutzten wir diesen Begriff nicht.

Ausbaufaktor, Wirkungsgradfaktor, Ertragsfaktor:

Die in den aktuellen Gesetzen genannten Ziele zum Ausbau der „erneuerbaren Energien" und der Entwicklung des Strom-Bedarfes lassen sich nur dann konsistent interpretieren, wenn man neben dem Ausbau der Nennleistung auch einen Anstieg des Wirkungsgrades unterstellt. Dieses wird zwar in den Gesetzen nicht konkret erwähnt, aber in der allgemeinen Literatur i.A. aufgrund von erwarteten technologischen Verbesserungen unterstellt.

Bei WKA geht man z.B. davon aus, dass größere Nabenhöhen zu größeren Windgeschwindigkeiten und damit größeren Wirkungsgraden führen.

---

6   echtsolar.de/globalstrahlung/

Wir führen folgende Begriffe ein:
- Ausbaufaktor: beschreibt die Vervielfachung der installierten Leistung,
- Wirkungsgradfaktor: beschreibt die Vervielfachung des Wirkungsgrades,
- Ertragsfaktor beschreibt die Vervielfachung des Jahres-Ertrages.

Es gilt: Ausbaufaktor * Wirkungsgradfaktor = Ertragsfaktor.

Beispiel: Wenn die installierte Leistung verdoppelt wird (Ausbaufaktor = 2) und der Wirkungsgrad um 20% steigt (Wirkungsgradfaktor = 1,2), vervielfacht sich der Jahres-Ertrag um den Ertragsfaktor 2,4 = 2 * 1,2.

Während die Ausbaufaktoren durch die Gesetze festgelegt sind, z.B. dem EEG 2023, kann man für die Wirkungsgradfaktoren nur hypothetische Werte unterstellen.

Zeitliche Auflösung und Zeitreihen:
Als zeitliche Auflösung bezeichnen wir in einem gegebenen Datenkontext (z. B. Erfassung eines Wertes der Stromerzeugung) die Länge der betrachteten Zeitintervalle, bspw. eine Stunde, ein Tag, ein Jahr.

Eine Zeitreihe ist eine Sammlung genau definierter Daten[7], die durch wiederholte Datenerfassung im Laufe der Zeit gewonnen werden. Beispielsweise würden die Messungen des erzeugten

---

7   Normalerweise geht man bei den erfassten Daten von Messungen aus. Auch hier wird wohlwollend davon ausgegangen, dass die zur Verfügung gestellten Daten auf solchen Messungen beruhen.

Stromes einer WKA in einem bestimmten Zeitintervall eine Zeitreihe umfassen.

Beispiel: Bei einer gegebenen konkreten WKA beschreiben die Werte der Zeitreihe die Stromproduktion pro Stunde für alle Stunden eines bestimmten Jahres. Hier ist die zeitliche Auflösung der Zeitreihe eine Stunde, die Zeitreihe umfasst 8760 Werte.

Anderes Beispiel: Für die Summe aller WKA-Anlagen in Deutschland beschreiben die Werte der Zeitreihe die durchschnittliche Leistung pro Tag für alle Tage des Jahres. Hier ist die zeitliche Auflösung ein Tag, die Zeitreihe umfasst 365 Werte.

Zeit-Umstellung:
In jedem Jahr gibt es genau 2 Tage, an denen „die Zeit umgestellt" wird. Im Jahr 2022 waren dies der 27.03. und der 30.10. Genauer bedeutet dies: der 27.03.2022 hatte nur 23 Stunden, der 30.10.2022 hatte 25 Stunden. Dem 27.03. fehlt die Stunde 02:00 bis 03:00, der 30.10. hat dafür die Stunde 02:00 bis 03:00 doppelt.

Wir ordnen in unseren Berechnungen trotzdem allen Tagen jeweils 24 Stunden zu, indem wir die erste Stunde des 28.03. noch dem 27.03. zuschlagen und Ähnliches mit allen folgenden Tagen machen, bis am 31.10. die ursprüngliche Zuordnung von Stunden zu Tagen wiederhergestellt ist.

EE-Angebot, EE-Produktion, Bedarf und weitere Begriffe:
Wir nehmen in unseren Modellierungen an, dass spätestens ab dem Erreichen der „Klima-Neutralität" zur Stromerzeugung nur noch die Erneuerbaren Wind, PV, Biomasse und Laufwasser zum Einsatz kommen.

Ausnahme: Falls die Erneuerbaren nicht genügend produzieren, können gegebenenfalls Backup-Gaskraftwerke auf Basis „Grüner Wasserstoff" (GH2) oder Strom-Import zum Einsatz kommen.

Bei der regenerativen Stromerzeugung unterscheiden wir zwischen EE-Angebot und EE-Produktion. Beide Begriffe können sich auf einzelne Anlagen oder Mengen von Anlagen beziehen.

- Der Begriff EE-Angebot gibt an, was erzeugt werden könnte.
- Der Begriff EE-Produktion gibt an, was erzeugt werden darf, denn produziert werden darf immer nur das, was im selben Moment auch verbraucht wird, andernfalls drohen Instabilitäten im Stromnetz.

Falls also das EE-Angebot größer ist als der Verbrauch, wird das EE-Angebot abgeregelt. Die Regenerativen produzieren dann nur so viel, wie es der Verbrauch erfordert.

Die EE-Produktion ist immer kleiner oder gleich dem EE-Angebot.

Der Bedarf ist das, was die Endverbraucher tatsächlich an Strom verbrauchen und was zur späteren Analyse entsprechend als Daten in den Portalen bereitgestellt wird.
Der Bedarf kann durch die Dekarbonisierung in Zukunft weitere Endverbraucher umfassen, wie z.B. Industrie-Prozesse, zunehmende E-Mobilität oder Umstellung von Wärmebereitstellung.

Als Überschuss bezeichnen wir denjenigen Teil der EE-Produktion, der in Glättungsspeichern oder GH2-Elektrolyse verwendet werden kann oder der gegebenenfalls exportiert wird, der also nicht von eigentlichen Strom-Endverbrauchern in Deutschland benötigt wird.

Abbildung 3 zeigt den Zusammenhang der Begriffe:

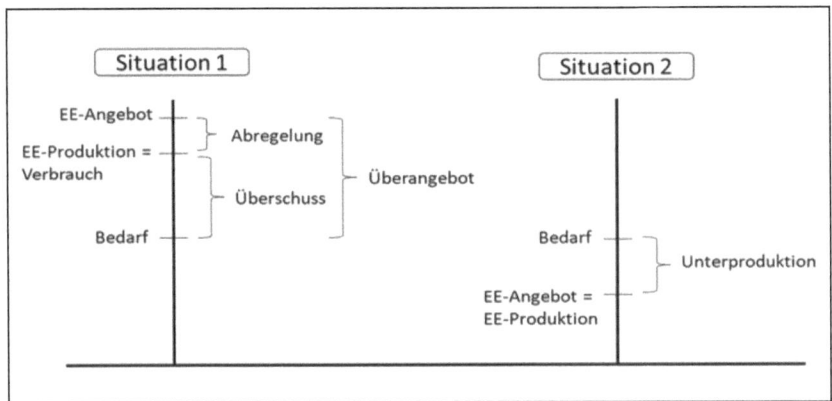

Abbildung 3: Situationen und Begriffe im Zusammenhang
mit Angebot, Produktion und Bedarf

In Situation 1 können folgende Sonderfälle auftreten:
- Es muss nicht abgeregelt werden, die Abregelung ist „0". Dann sind EE-Angebot und EE-Produktion gleich.
- Entspricht die EE-Produktion dem Bedarf der Verbraucher, ist der Überschuss „0". Es gibt keine EE-Produktion, die für Glättungsspeicher, eine GH2-Analyse oder für den Export zur Verfügung stehen würde.
- Wenn nicht abgeregelt werden muss, die Abregelung „0" ist und auch kein Überschuss, der Überschuss „0" ist, sind EE-Angebot, EE-Produktion und Bedarf gleich.
- Wird abgeregelt und es bleibt trotzdem noch ein Überschuss für Glättungsspeicher etc. übrig, so bilden beide Größen

zusammen, also Abregelung plus Überschuss, das Überangebot zum Bedarf der Verbraucher.

Es sei hier schon darauf hingewiesen, dass Maßnahmen für das Überangebot nicht nur für den Verbraucher immer auch zum Teil hohe wirtschaftliche Konsequenzen haben können, sondern dass die erforderlichen Dimensionen des Ausbaus auch erhebliche Konsequenzen für Natur und Umwelt haben. Eine von den Energiewendern sehr häufig ausgeblendete Größe ist die Beschränkung der Fläche Deutschlands.

In Situation 2 wird der Fall der Unterproduktion betrachtet.
- Es gilt generell, dass Abregelung, Überschuss und Überangebot „0" sind.
- EE-Angebot und EE-Produktion sind natürlich gleich und werden voll ins Netz eingespeist.
- Folgender Sonderfall kann auftreten: Ist die Unterproduktion „0", dann sind EE-Angebot, EE-Produktion und Bedarf gleich.

Für Situation 1 wird definiert: die „Direkte Bedarfsdeckung" ist gleich dem Bedarf.
  In Situation 2 wird definiert: die „Direkte Bedarfsdeckung" entspricht dem EE-Angebot. Es ist ersichtlich, dass der tatsächliche Bedarf höher als die „Direkte Bedarfsdeckung" ist.

In beiden Situationen gelten die 3 <u>Bilanzgleichungen:</u>

EE-Angebot   = Bedarf + Überschuss + Abregelung
              – Unterproduktion
EE-Produktion = Bedarf + Überschuss – Unterproduktion
EE-Angebot   = EE-Produktion + Abregelung

Stromnetze:

Im Zuge der fortschreitenden Energiewende erhalten die Themen Netzausbau und Netzmanagement eine immer stärkere Bedeutung. Durch die fortschreitende Abschaltung regelbarer konventioneller Kraftwerke und den Ausbau volatiler Erzeuger wird die Netzstabilisierung immer aufwendiger und der Netzausbau, der weit zurückhängt, immer drängender. Wir gehen auf diese Thematik hier nicht ein.

Strom-Bedarf:

Hierbei handelt es sich um die Summe der von den Stromverbrauchern in ganz Deutschland aktuell geforderten Energie- bzw. Leistungs-Mengen, die alle Erzeuger, der Import und eventuell die Speicher aktuell erbringen müssen.

Für denselben Begriff existieren auf den Internet-Portalen unterschiedliche Bezeichnungen:

Agora: „Verbrauch", ENTSO-E: „Total Load", Fraunhofer „Last", SMARD „Gesamt (Netzlast)".
    Wir benutzen den Begriff „Bedarf" bzw. „Strom-Bedarf".

Bedarfs-Management:

Die beiden Grundübel der Regenerativen Wind und PV sind ihre Volatilität und ihre Nicht-Aufregelbarkeit, d.h., ein Management des regenerativen Strom-Angebotes gibt es nur in Richtung Abregelung, also Reduktion des Angebotes. Das liegt eben daran, dass es bisher leider noch nicht gelungen ist, Wind und Sonne soweit zu „dressieren", dass sie auf Kommando mehr Leistung abgeben. Vielleicht sollten die Energiewender und sonstigen Anhänger der Klima-Religion einmal zum heiligen Blasius beten?

Das heißt, bei Wind und PV kann man zwar mit Hilfe der Abregelung eine Überproduktion technisch relativ leicht vermeiden, aber eine Unterproduktion niemals durch EE „aufregeln". Das Problem der Vermeidung von Überproduktion durch Abregelung einerseits und paradoxerweise trotzdem auftretender Unterproduktion, bei der z.B. Strom-Import aus dem Ausland nötig ist, werden wir weiter unten numerisch untersuchen.

Da in einem Stromnetz die Produktion jederzeit genauso groß sein sollte wie der Bedarf, entsteht ein Problem, wenn das Angebot unter dem Bedarf liegt.

Daher ist es aktuell eine ganz heftig diskutierte Idee, im Falle des Falles nicht nur das Angebot, sondern auch den Bedarf zu managen. Das heißt konkret, es handelt sich um die Anpassung des Bedarfes an das Angebot, statt der Anpassung des Angebotes an den Bedarf, wie es bisher durch die konventionellen Kraftwerke möglich und selbstverständlich war.

Man spricht hier gerne zur Beschönigung auch von Lastverschiebung, Lastmanagement, Spitzenglättung und Smart Metern. Andere reden lieber von Lastabwurf oder gegebenenfalls Brown-out usw.

Hier soll ein fundamentaler Prinzipienwechsel kaschiert werden: Bisher hatte der Bedarf Vorrang und die Stromproduktion wurde bedarfsorientiert organisiert mit Hilfe der auf- und ab-regelbaren konventionellen Kraftwerke. Künftig soll genau umgekehrt das regenerative Angebot den Vorrang erhalten und der Bedarf „dargebots-orientiert" geregelt werden.

Die Begriffe Spitzenglättung und Smart Metering beziehen sich z.B. auf die Reduzierung der bei einem Verbraucher für das Laden eines E-Autos oder den Betrieb einer Wärmepumpe verfügbaren Leistung. An einem entsprechenden Konzept wird nach einem Bericht von Welt-Online vom 17.12.2022 aktuell von der Bundesnetzagentur gearbeitet.

Zur Lastreduktion gab es bis zum Juli 2022 noch eine „Verordnung über abschaltbare Lasten", die es den Netzbetreibern ermöglichte, in gemeinsamer Abstimmung mit Großverbrauchern deren Lasten zeitweise zu reduzieren. Seit dem Auslaufen dieser Vereinbarungen drohen im Notfall unvereinbarte regionale Lastabwürfe (sog. „Brown-outs") oder im Extremfall landesweite Black-outs [8].

Wir beteiligen uns hier nicht an Diskussionen über mögliches „Bedarfs-Management" und gehen in unserer Modellierung davon aus, dass die Zeitreihen des Strombedarfs in Deutschland auch künftig eine ähnliche Verlaufsstruktur wie heute aufweisen werden. Allerdings gehen wir in den untersuchten Szenarien davon aus, dass die Bedarfsmengen in den kommenden Jahren durch Wärmepumpen, E-Autos und weitere Sektor-Koppelungen deutlich ansteigen werden.

Glättungsspeicher:

„Glättungsspeicher" ist ein Begriff, den wir in dieser Arbeit neu einführen. Der Glättungsspeicher soll die Volatilität der Erneuerbaren dadurch „glätten", dass es in Zeiten des Überangebotes die Stromenergie, die über dem Bedarf liegt, wegspeichert. In Zeiten

---

8   https://www.gesetze-im-internet.de/ablav_2016/BJNR198400016.html

des Unterangebotes wird dann wieder Energie aus diesem Speicher entnommen, um den Bedarf zu decken.

Speichertechnologien sind natürlich schon lange im Einsatz und werden auch aktuell intensiv erforscht. Wir beschäftigen uns in dieser Arbeit mit Pumpspeichern, Batterien und Wasserstoff-Elektrolyse. Nur den Begriff „Glättungsspeicher" führen wir neu ein zur Darstellung der Glättung der Volatilität.

Glättungsspeicher sind Arbeitsspeicher im Dauereinsatz ähnlich einer Auto-Batterie, sie werden permanent be- und entladen. Sie haben nichts mit Notfallspeichern zu tun, die im Fall einer Netzunterbrechung zum Einsatz kommen und möglicherweise einen Blackout überbrücken sollen.

Glättungsspeicher haben nichts mit „Spitzenglättung" zu tun. Erstere ergänzen und verbessern die Produktionsseite, Letzteres manipuliert die Bedarfsseite.

Dunkelflaute:
Dieser Begriff ist nicht eindeutig und präzise definiert. Im Allgemeinen bezeichnet man damit ein Zeitintervall, welches über mehrere Tage oder sogar Wochen verläuft und in dem die Strom-Produktion aus Wind und PV die ganze Zeit über sehr niedrig ist.

In einer Dunkelflaute muss der Strom-Bedarf weitgehend aus konventionellen Kraftwerken, d.h. Braunkohle, Steinkohle, Erdgas oder Importe gedeckt werden, was natürlich enorme Auswirkungen auf die CO_2-Bilanz hat. Dunkelflauten können insbesondere in den Wintermonaten auftreten, wenn die PV-Erzeugung sehr niedrig ist.

Ausfallarbeit:
Bei dem geplanten massiven Ausbau der Erneuerbaren Wind und PV werden durch die Volatilität immer wieder massive Überangebote auftreten: das Angebot ist größer als der Bedarf, d.h., die Überangebote können in Deutschland nicht verbraucht werden. Der Bedarf ist nicht da, und sie können auch nicht ins Ausland exportiert werden, weil es auch im Ausland für solche Mengen keine Verbraucher gibt.

Können die Überangebote auch anderweitig nicht verwendet werden, z.B. durch Speicherung oder Wasserstoff-Elektrolyse, müssen sie abgeregelt werden. Der ganze massive Anlagenausbau wird sinnlos. Die Anlagenbetreiber erhalten nach momentaner Gesetzeslage bei Abregelung trotzdem die Vergütung, genauso als hätten sie produziert. Der gesetzliche Terminus ist hier „Ausfallarbeit".

Wirkungsgrade der Photovoltaik:
Die durchschnittliche Sonneneinstrahlung in Deutschland auf eine horizontal gelagerte Fläche beträgt ca. 1170 kWh/(qm*a) [9], also 1170 Kilowattstunden pro Quadratmeter und Jahr. Andere Quellen nennen Werte zwischen 900 und 1200 kWh/(qm*a). In der Sahara treten Werte bis zu 2200 kWh/(qm*a) auf [10].

Ansatz 1:
Der Wirkungsgrad einer Solaranlage kann definiert werden als das Verhältnis aus erzeugter Strom-Energie zu eingestrahlter Strahlungs-Energie. Dieser Wirkungsgrad variiert stark und

---

9   echtsolar.de/globalstrahlung/
10   www.weltderphysik.de/gebiet/technik/energie/solarenergie/sonnen-
      energie

hängt von der Technologie und der Ausrichtung der Anlage ab. Ein Wirkungsgrad von 20% gilt als gut.

Daraus folgt: Die PV-Erzeugung beträgt in Deutschland durchschnittlich 230 kWh/(qm*a), also 230 Kilowattstunden pro Quadratmeter Solarmodul und pro Jahr.

Ansatz 2:
1 qm Solarmodul hat eine maximal mögliche Nennleistung von 0,2 kWp (Kilowatt Peak)[11].

Erfahrungsgemäß ist über das ganze Jahr gemittelt in Deutschland ein Wirkungsgrad von nur 11% realistisch, verursacht durch die Wechsel Tag-Nacht, Sommer-Winter und die Witterungs-Wechsel.
    Dieser geringe Wirkungsgrad wird auch durch die Strom-Produktionsdaten der Portale bestätigt.

Daraus ergibt sich pro Quadratmeter und Jahr ein Wert von:
0,2 kW * 0,11* 8760 h = 193 kWh /(qm*a),
also ein niedrigerer Wert als in Ansatz 1.

Ansatz 3:
Die Daten des Portals SMARD geben für 2022 folgende Werte an: Jahressumme PV-Produktion 55,7 TWh, installierte Peak-Leistung 58 GW.
    Daraus berechnet sich ein Wert von 960 kWh/(kWp*a).

---

11   echtsolar.de/kwp-pro-m2/

Wir nehmen im Folgenden einen mittleren Ansatz und gehen von folgender Relation aus: Strom-Produktion PV in Deutschland im Mittel ca. 1000 kWh/(kWp*a) [12].

Man möge bedenken, dass die Mittelwertbildung immer wieder zu Irrtümern führen kann: Weht z.B. der Wind morgens mit 5 km/h und abends mit 0 km/h, so ist der Tages-Mittelwert 2,5 km/h. Trotzdem erhält man am Abend keinerlei Stromproduktion. Über das Lügen mit Mittelwerten sprechen wir in einem späteren Abschnitt.

Effizienz, Jahresarbeitszahl und Strom-Bedarf von Wärmepumpen:
Die Effizienz einer Wärmepumpe wird häufig durch die sogenannte Jahresarbeitszahl JAZ definiert. Dies bedeutet: Bbeim Verbrauch von 1 kWh Strom liefert die Wärmepumpe im Jahres-Durchschnitt (JAZ * 1 kWh) Heizleistung. Beispielsweise würde bei JAZ = 3 mit Hilfe von 1 kWh Strom im Haushalt eine Heizleistung von 3 kWh bereitgestellt werden.

Wie gesagt, variieren die Angaben über die JAZ-Werte enorm, die Effizienz der Wärmepumpen ist gerade im Winter schlecht, Boden-Wasser-Wärmepumpen sind meist effizienter als die billigeren Luft-Wasser-Wärmepumpen usw.

---

12 photovoltaik.org/photovoltaikanlagen/solarzellen/photovoltaik-wirkungsgrad

Für die weiteren Untersuchungen entnehmen wir nur folgende Schätzungen aus dem Agora-Jahresbericht 2022 [13] bzw. dem Portal CO2online [14]:

Schätzung 1 gemäß Agora:	
Vom Gesamtenergiebedarf eines Hauses sind:	
Heizung 68%;	
Warmwasser 16% und	
Strombedarf 16%	
Daraus ergibt sich:	
Der Bedarf der Heizung entspricht dem 4,25-fachen des Warmwasserbedarfes:	16.000 kWh pro Jahr
Der Bedarf an Heizung und Warmwasser entspricht dem 5,25-fachen des Strombedarfes, bei angenommenem Strombedarf von 4.000 kWh pro Jahr:	21.000 kWh pro Jahr
Schätzung 2 gemäß CO2online:	
Der Bedarf an Heizung und Warmwasser beträgt 120 kWh pro Quadratmeter (qm) Wohnfläche; für 170 qm sind dies 20.400 kWh pro Jahr	20.400 kWh pro Jahr

Abbildung 4: Schätzungen für Strom-Bedarf Wärmepumpe

Beide Schätzwerte sind sehr ähnlich.

Bei angenommenem Strom-Bedarf für den Haushalt von 4.000 kWh im Jahr ergeben sich für Strom-Bedarf von Wärmepumpen gemäß den Schätzungen und des jeweiligen Wirkungsgrades (JAZ)

JAZ „2"   10.500 kWh
JAZ „3"   7.000 kWh.

---

13 static.agora-energiewende.de/fileadmin/Projekte/2022/2022-10_DE_ JAW2022/A-EW_283_JAW2022_WEB.pdf
14 www.heizspiegel.de/heizung-tauschen/wie-funktioniert-eine-waerme-pumpe/#c155945

Wir gehen in unserer späteren Modellierung von einem Strom-Bedarf der Wärme-Pumpe für Heizung und Warmwasser von ca. 8.000 kWh aus.

Dies teilt sich gemäß Schätzung 1 auf in:
ca. 80% Heizung mit 6.400 kWh und
ca. 20% Warmwasser mit 1.600 kWh.

4. Umrechnungen und Konstanten

Flächen- und Raummaße:
1 ha = 10.000 m²
1 km² = 100 ha = 1.000.000 m²
1 m³ = 1.000 Liter
Landesfläche Deutschlands: 357.581 km²

Leistung und Energie:
Leistungseinheit 1 W = 1 kg * m² / sec³
Energieeinheit 1 Ws = 1 kg * m² / sec²

Luft:
Standardluftdichte ρ = 1,2041 kg/m3

Maße zu LNG (Liquified Natural Gas):
1 Tonne LNG = 2,2 m³ = 13 MWh Heizenergie
1 m³ LNG = 0,45 Tonnen = 6 MWh Heizenergie

Maße zu flüssigem Wasserstoff:
1 Tonne LH_2 = 14,1 m³ = 39,5 MWh Heizenergie
1 m³ LH_2 = 70,8 kg = 2,8 MWh Heizenergie

Potenzielle Energie:
Im Gravitationsfeld an der Erdoberfläche gilt für die potenzielle Energie einer Masse m in der Höhe h über der Erdoberfläche

$$E_{pot} = m*g*h$$

mit der Schwerebeschleunigung g = 9,832 m/s².

Beispiel: 1 m³ Wasser mit einer Höhe von 100 m hat eine potenzielle Energie von

$E_{pot} = 1.000 \, kg * 9{,}832 \, m/s^2 * 100 \, m = 983 \, kWs = 0{,}273 \, kWh$.

5. Windkraftanlagen

Im Folgenden sollen einige grundlegende Angaben über Aufbau und Funktion einer typischen WKA Onshore erwähnt werden, wie sie für das Verständnis der Untersuchungen wichtig sind. Weitere Details sind gegebenenfalls der Fachliteratur oder den Datenblättern der Hersteller zu entnehmen.

5.1 Technische Daten einer typischen 3 MW Onshore WKA

Enercon E-115: Nennleistung 3 MW, Rotordurchmesser 115,7 m; Überstrichene Fläche 10.515,5 m² (ca. 1 ha); Nabenhöhe 149 m; Drehzahl 4–12,8 U/min. Bei deaktivierter Sturmregelung Abregelung auf Stillstand ab Windgeschwindigkeit > 25 m/sec. Bei aktivierter Sturmregelung lineare Abregelung auf Stillstand bei 34 m/sec.

Anfahrgeschwindigkeit bei 2,5 m/sec; Abschaltgeschwindigkeit zwischen 28 und 34 m/sec. Alle Windgeschwindigkeiten beziehen sich auf den Wind in Nabenhöhe.

Zusätzliche Angaben eines BEG-Betreibers (Bürger-Energie-Genossenschaft) in Südbayern:
Gesamthöhe 206,9 m; Gewicht je Blatt ca. 25 t; Gondel Gewicht ca. 193 t; Gondel Durchmesser 5,5 m; Turm Betonhöhe 101 m; Turm Stahlhöhe 45,8 m; Turmdurchmesser 13,22 m bis 3,45 m; Turmgewicht 2.022 t ohne Gondel; Fundament Durchmesser 23,9 m; Tiefe 3,45 m; Gewicht 2.440 t incl. 88,5 t Stahl.

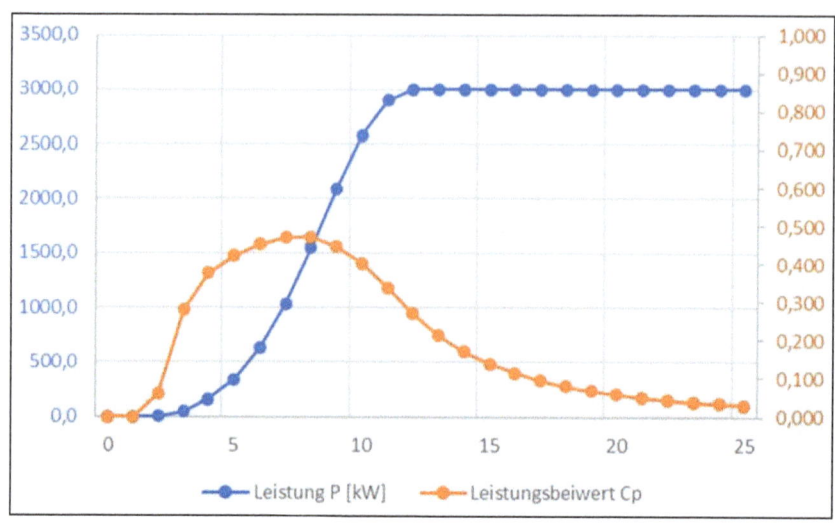

Abbildung 5: Kennlinien für Leistung und Leistungsbeiwert einer 3 -WW-KA

Abbildung 5 zeigt in Abhängigkeit von der aktuellen Windgeschwindigkeit (x-Achse) in Nabenhöhe die von der WKA erbrachte aktuelle Leistung P in kW (y-Achse) und den dimensionslosen Leistungsbeiwert Cp.

Die Leistung steigt zunächst mit zunehmender Windgeschwindigkeit an und erreicht bei ca. 12 m/sec den Maximalwert, nämlich die Nennleistung der Anlage, in diesem Fall 3 MW. Bei weiter steigender Windgeschwindigkeit verbleibt die Leistung auf diesem Maximalwert dadurch, dass die Rotorblätter verstellt werden (Pitch). Im Bereich zwischen 25 und 34 m/sec wird die Leistung linear auf null heruntergefahren und schließlich die ganze Anlage komplett aus dem Wind gedreht.

Wenn der Wind weht, wird die WKA von einem zylinderförmigen Luftpaket durchströmt (Luv-Position des Rotors), welches der

WKA seine kinetische Energie zur Teilumwandlung in elektrische Energie anbietet.

Der Leistungsbeiwert ist der Quotient aus der von der WKA erzeugten elektrischen Energie und der vom Luftpaket angebotenen kinetischen Energie.

Ist v die Windgeschwindigkeit, ρ die Luftdichte, F die Rotorfläche, Vol das Volumen und m die Masse des Luftpaketes, dann gilt für die kinetische Energie des Luftpaketes, das in 1 Sekunde durch die Rotorfläche strömt:

$$E\text{-kin} = \tfrac{1}{2} * m * v^2 = \tfrac{1}{2} * \rho * Vol * v^2$$
$$= \tfrac{1}{2} * \rho * F * v * 1\,sec * v^2$$
$$= \tfrac{1}{2} * \rho * F * v^3 * 1\,sec$$

Für die erzeugte elektrische Energie E-el gilt dann:
E-el = Cp * E-kin

und für die erzeugte elektrische Leistung P-el:
P-el = (Cp * E-kin) / 1 sec = $\tfrac{1}{2}$ * ρ * F * Cp * v^3

Beispiel:
Bei einer Windgeschwindigkeit von 10 m/sec ergibt sich gemäß Abbildung 5 ein Leistungsbeiwert von ca. Cp = 0,4 und mit der angegebenen Rotorfläche sowie der Standardluftdichte und der Umrechnung der Leistungseinheiten eine elektrische Leistung von 2.540.000 W = 2.540 kW, wie es der Abbildung 5 entspricht.

Abbildung 5 und die Formel für die elektrische Leistung in Abhängigkeit von der Windgeschwindigkeit in Nabenhöhe zeigen, dass P-el noch stärker als die dritte Potenz von v ansteigt, weil Cp anfangs auch mit zunehmender Windgeschwindigkeit v ansteigt.

Ab dem Erreichen der Nennleistung wird P-el durch stark abfallendes Cp konstant gehalten, bis die Sturmregelung einsetzt.

Wegen der nichtlinearen Abhängigkeit der Leistung von der Windgeschwindigkeit kann es sehr ungenau sein, die Güte von WKA-Standorten nur danach zu beurteilen, welche mittleren Windgeschwindigkeiten über längere Zeiträume dort auftreten. Die Ungenauigkeiten können umso größer sein, je länger die Zeiträume sind, über die Mittelwerte gebildet werden und je volatiler die einzelnen Leistungswerte ausfallen.

Die Abhängigkeit der elektrischen Leistung von der dritten Potenz der Windgeschwindigkeit ist auch ein wesentlicher Grund der enormen Volatilität. Schon ein Absinken der Windgeschwindigkeit um 20% führt zu fast einer Halbierung der kinetischen Energie des durch den Rotor gehenden Windschlauches, eine Zunahme um 20% hingegen zu einer Steigerung um mehr als 70%.

5.2 Abschätzung der Standortgüte für eine Onshore WKA

5.2.1 Bayerischer Windatlas

Der bayerische Energieatlas[15] gibt für einen Standort in einem südbayerischen Landkreis beispielsweise an, dass die mittlere Windgeschwindigkeit in 100 m Höhe über Grund gemittelt

---

15 www.karten.energieatlas.bayern.de

über die Jahre 2002 bis 2020 ca. 5 m/sec und in 200 m Höhe ca. 6,3 m/sec beträgt.

Mit diesen Werten ergibt sich aus der Leistungskurve der 3-MW-Anlage (Abbildung 5) mit 149 m Nabenhöhe eine mittlere Leistung zwischen 350 kW und 700 kW. Daraus ergäbe sich ein mittlerer Wirkungsgrad zwischen ca. 11% und 23%.

Man sieht, dass wegen des starken Anstieges der Leistungskurve in diesem Windgeschwindigkeitsbereich die bloße Verwendung von Mittelwerten sehr ungenau ist, ohne genauere Zeitreihen-basierte Messungen der Windgeschwindigkeiten bzw. erbrachten Leistungen zu machen.

5.2.2 Daten des Deutschen Wetterdienstes

Der Deutsche Wetterdienst DWD[16] bietet u.a. stündliche Mittelwerte der Windgeschwindigkeiten an, die an den verschiedenen Standorten des DWD gemessen werden. Diese Geschwindigkeiten beziehen sich alle auf eine Referenzhöhe href = 10 m über dem Erdboden. Die Windgeschwindigkeiten in größeren Höhen sind i.A. höher.

Eine übliche Formel zur Berechnung ist das Hellmann´sche Potenzgesetz:

$v\,(h) = vref * H,$
$H = (h\,/\,href)^{a}$ der Hellmann-Faktor,

---

16   cdc.dwd.de/portal/

a = 1 / ln (h / h0) der Hellmann-Exponent,

h   ist die betrachtete Höhe über dem Boden,
     z.B. die Nabenhöhe h = 149 m,
h0   ist die sogenannte Rauigkeitslänge, die die Beschaffenheit
     des Geländes beschreibt, auf dem die Messstation steht, und
vref ist die in der Messstation gemessene Windgeschwindigkeit.

Betrachtet man zum Beispiel die beiden DWD-Stationen in Weihenstephan und am Flughafen München FH MUC, so erhält man
folgende Windgeschwindigkeiten gemäß der angenommenen
Rauigkeitslänge:

für Weihenstephan h0 = 0,4 m, was typisch ist für Dörfer
                   und Wälder und
für FH MUC   h0 = 0,0024, was typisch ist für Flugfelder.

Die Windgeschwindigkeiten über Weihenstephan:
v (h) = vref * 1,58   mit vref gemessen in Weihenstephan und

die Windgeschwindigkeiten über FH MUC:
v (h) = vref * 1,28   mit vref gemessen am FH MUC.

Manchmal wird auch unabhängig von der Rauigkeit des Geländes
ein pauschaler Hellmann-Faktor angesetzt, z.B. v (h) = vref * 1,46.

Mit diesen Ansätzen kann man aus den stündlichen Winddaten
des DWD an den Messstationen Weihenstephan und FH MUC Jahreserträge und Wirkungsgrade zum Vergleich für Enercon E-115
Anlagen errechnen für diese hypothetischen Standorte, siehe Abbildung 6.

Jahr	DWD Messstation	Gelände	Hellmann-Faktor	Jahres-Ertrag E-115 [MWh]	Wirkungsgrad
2021	Weihenstephan	Dörflich, Wälder	1,58	4.200	16,0%
		Pauschal	1,46	3.600	13,6%
	FH MUC	Flugfelder	1,28	3.050	11,6%
		Pauschal	1,46	4.000	15,2%
2022	Weihenstephan	Dörflich, Wälder	1,58	4.700	17,9%
		Pauschal	1,46	4.030	15,3%
	FH MUC	Flugfelder	1,28	3.400	13,0%
		Pauschal	1,46	4.430	17,0%

Abbildung 6: Jahreserträge und Wirkungsgrade von hypothetischen Enercon E-115 Anlagen mit 3 MW Nennleistung und 149 m Nabenhöhe, abgeleitet aus Winddaten des DWD

Man sieht, dass die Annahme über die Geländebeschaffenheit einen deutlichen Einfluss auf die geschätzten Ergebnisse hat. Insbesondere die Wahl der Rauigkeitslänge, welche die Beschaffenheit des jeweiligen Geländes zu beschreiben versucht, hat einen großen Einfluss auf den geschätzten Ertrag.

Man könnte auch sagen, dass Messungen der Windgeschwindigkeit in 10 m Höhe über Grund zu ungenau für die Einschätzung der Standortgüte sind. Man sollte sich eher auf Messungen in Höhe der Rotorfläche verlassen.

5.2.3 Publizierte Erträge von bayerischen Anlage-Betreibern

Das Portal Energiemonitor der Bayernwerk Netz GmbH[17] liefert Produktionsdaten regenerativer Stromerzeugung verschiedener Betreiber im Bereich der bayerischen Städte und Gemeinden. Die

---

17 www.bayernwerk.de/de/fuer-kommunen/digitale-loesungen/energie-monitor.html

Teilnahme an diesem Monitoring ist freiwillig, d.h., nicht alle Produzenten sind erfasst. Die Daten, die heruntergeladen werden können, sind jeweils Tageswerte.

Die Erzeuger aktualisieren ihre Produktionsdaten live im Viertelstundentakt. Für eine Analyse können die Tageserträge heruntergeladen werden.

Zur Vorgehensweise erläutern wir als Beispiel die Daten eines oberbayerischen Landkreises, wir nennen ihn „LK", und einer oberbayerischen Gemeinde, wir nennen sie „Gem", beide zwischen München und Nürnberg gelegen.

Die folgenden Abbildungen zeigen jeweils als Zeitreihe für das Jahr 2022 die gemeldeten Tageserträge der beiden Betreiber „LK" und „Gem".

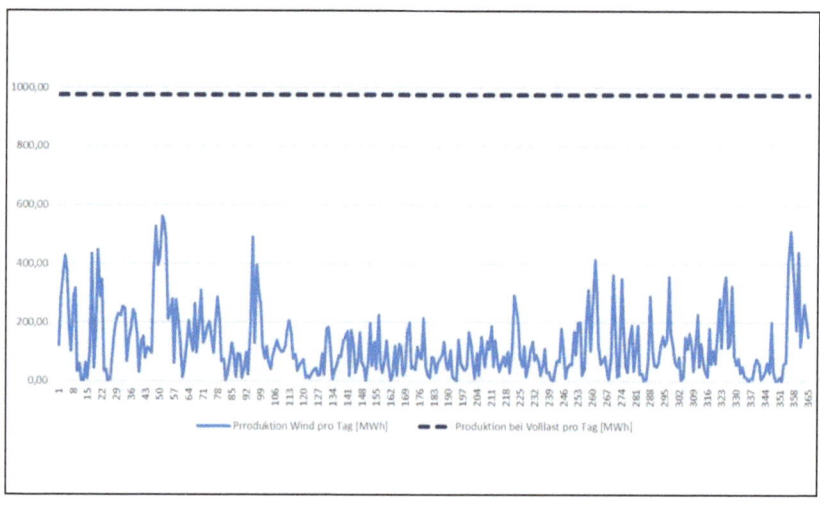

Abbildung 7: Tageserträge des Betreibers „LK"
aus dem Energiemonitor der Bayernwerk Netz GmbH

Der Betreiber „LK" gibt an, dass er insgesamt 11 WKA betreibt mit einer Nennleistung von insgesamt ca. 40,6 MW[18]. „LK" meldete in 2022 einen Jahresertrag von etwa 45.000 MWh bei maximal möglichen 355.700 MWh [19], was einem Wirkungsgrad von 12,6% entspricht (alle Werte gerundet).

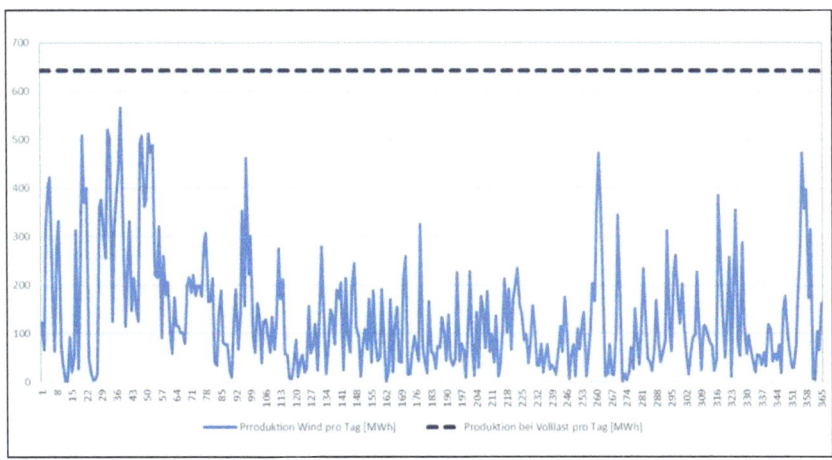

Abbildung 8: Tageserträge der Betreiberin „Gem"

aus dem Energiemonitor der Bayernwerk Netz GmbH

Die Betreiberin „Gem" gibt an, dass sie insgesamt 10 WKA betreibt mit einer Nennleistung von insgesamt ca. 26,8 MW. „Gem" meldete in 2022 einen Jahresertrag von knapp 49.600 MWh bei maximal möglichen 234.500 MWh, was einem Wirkungsgrad von gut 21,1% entspricht (alle Werte gerundet).

Was jedem Betrachter als erstes ins Auge springt, ist die enorme Volatilität der Windstrom-Produktion in beiden Fällen. Wie

---

18 Dies setzt bei einigen Anlagen Nennleistungen größer als 3 MW voraus.
19 355.700 MWh ergibt sich durch Multiplikation der Nennleistung von 40,6 MW und der Anzahl der Jahresstunden 8760.

müsste ein Strombedarf aussehen, der sich diesem Verhalten des Windes anpasst? Bügeleisen an – Bügeleisen aus, Herd an – Herd aus, OP läuft – OP wird unterbrochen?

Wer bisher beim Stichwort „Volatilität" vielleicht an den wunderbaren Song „Volare – Cantare" gedacht hat, sieht beim Anblick dieser unberechenbaren Zappeleien wohl eher eine rasende Abfolge von harten Bruchlandungen. Kaum vorstellbar, dass wirklich jemand glaubt, mit diesem verwirrenden Auftreten könnte man die Stromversorgung eines Industrielandes gewährleisten.

Und ein weiteres Fazit: Falls die Angaben der Betreiber korrekt sind, erhalten wir ein erstaunliches Faktum, denn die Anlagen von Betreiberin „Gem" sind auch in langen Zeitreihen (Ausschnitt hier ein Jahr) systematisch deutlich effizienter als die von Betreiber „LK", obwohl beide Anlagen-Gruppen geographisch nicht weit auseinanderliegen mit ca. 70 km Luftlinie, und die geographischen Verhältnisse ähnlich angesehen werden können. Es lohnt sich auf alle Fälle, genau hinzuschauen und zu prüfen.

5.3   Abstände zwischen WKA Onshore

Hierbei geht es nicht um die Abstände zwischen WKA und Wohnbebauung. Stattdessen geht es um sinnvolle Abstände zwischen WKA, die so angelegt sind, dass die WKA sich nicht gegenseitig verschatten.[20]

---

20   Verschattung bedeutet, dass ein zu kurzer Abstand zwischen zwei WKA eine WKA der anderen „den Wind wegnimmt".

Dazu scheint es in der im Internet verfügbaren Literatur nur wenig einheitliche Angaben zu geben. Gemäß der Quelle[21] könnte man beispielsweise für WKA Onshore den folgenden Ansatz wählen: in Hauptwindrichtung Abstand 5*D und in Nebenwindrichtung Abstand 3*D. Dabei ist D der Rotordurchmesser. Als Hauptwindrichtung kann man in Deutschland die Richtung West-Ost ansetzen und als Nebenwindrichtung entsprechend Nord-Süd.

Anmerkung: Die genannte Quelle zitiert hauptsächlich Empfehlungen verschiedener WKA-Hersteller für Offshore-Anlagen, aber auch einige Angaben zu Onshore-Anlagen. Die Angaben divergieren sehr stark und Schlussfolgerungen daraus bzgl. Flächenverbrauch sind daher unter Vorbehalt zu sehen.

Bei einem Rotordurchmesser von 160 m für künftige WKA Onshore ergäben sich damit Abstände von 800 m in Hauptwindrichtung und 480 m in Nebenwindrichtung. Das ergäbe einen Flächenbedarf von ca. 0,4 km² pro WKA.

Würde man den aktuellen Bestand von 30.000 WKA Onshore vervielfachen auf 100.000 WKA, so hätten diese nach obiger Abschätzung einen Flächenbedarf von 40.000 km², mithin 11,2% der Landesfläche Deutschlands. Diese Abschätzung würde natürlich voraussetzen, dass die Anlagen tatsächlich irgendwo dicht-an-dicht gepackt werden können, was aufgrund der Gelände-Situation wohl absolut illusorisch ist. In Wirklichkeit würde wohl eine derartige Zahl von 100.000 WKA eine noch viel größere Fläche Deutschlands zu einer Industriewüste machen.

---

[21] www.dirk-hottmann.com/anordnung-der-windenergieanlagen-in-offshore-windparks-i/

6. Strom-Produktion und Strom-Bedarf in Deutschland: Istzustand

6.1 Jahres-Summenwerte für die Jahre 2021 und 2022

Mit Hilfe des Portals stromdaten.info können die Daten der Daten-Lieferanten Agora und Bundesnetzagentur SMARD ausgewertet und zur eigenen Verarbeitung heruntergeladen werden. Die beiden Lieferanten ermöglichen ebenfalls das Herunterladen ihrer Daten, die jedoch von diesen i.A. nicht so lange aufbewahrt werden.

Aus dem Portal stromdaten.info ergeben sich für die beiden Jahre folgende Summenwerte, wobei die Gesamtproduktion die konventionellen Kraftwerke, Biomasse und Laufwasser enthält:

Agora: Strom-Produktion und Bedarf in Deutschland im Jahr 2021 in TWh					
Wind Onshore	Wind Offshore	PV	Wind On + Wind Off + PV	Gesamt-Produktion	Gesamt-Bedarf
90,8	24,5	52,8	168,1	575,8	558,5
			Anteil an der Produktion:		
			29,19%		
			Anteil am Bedarf:		
			30,10%		

Agora: Strom-Produktion und Bedarf in Deutschland im Jahr 2022 in TWh					
Wind Onshore	Wind Offshore	PV	Wind On + Wind Off + PV	Gesamt-Produktion	Gesamt-Bedarf
100,5	25,1	61,5	187,1	560,3	530,6
			Anteil an der Produktion:		
			33,39%		
			Anteil am Bedarf:		
			35,26%		

Abbildung 9: Jahressummen Wind, PV, Produktion und Bedarf

für die Jahre 2021 und 2022 aus den Daten von Agora

SMARD: Strom-Produktion und Bedarf in Deutschland im Jahr 2021 in TWh					
Wind Onshore	Wind Offshore	PV	Wind On + Wind Off + PV	Gesamt-Produktion	Gesamt-Bedarf
89,4	24,0	46,6	160	492,0	504,5
			Anteil an der Produktion:		
			32,52%		
			Anteil am Bedarf:		
			31,71%		

SMARD: Strom-Produktion und Bedarf in Deutschland im Jahr 2022 in TWh					
Wind Onshore	Wind Offshore	PV	Wind On + Wind Off + PV	Gesamt-Produktion	Gesamt-Bedarf
100,6	24,7	55,3	180,6	497,0	482,2
			Anteil an der Produktion:		
			36,34%		
			Anteil am Bedarf:		
			37,45%		

Abbildung 10: Jahressummen Wind, PV, Produktion und Bedarf
für die Jahre 2021 und 2022 aus den Daten von SMARD

Man sieht deutliche Abweichungen in den Angaben der Portale für gleiche Zeiträume. Nach den Erläuterungen von stromdaten. info ergeben sich die Unterschiede zwischen SMARD und Agora u.a. dadurch, dass beide Organisationen die Daten des eigentlichen Daten-Lieferanten ENTSO-E unterschiedlich verarbeiten, z.B. häufige Korrekturen und Ergänzungen dieser Daten.

ENTSO-E ist die Plattform der europäischen Übertragungsnetz-Betreiber (ÜNB). Dazu gehören in Deutschland die ÜNB TransnetBW, TenneT, Amprion, 50Hertz. Die Daten von ENTSO-E sind Viertelstunden-basiert.

Als installierte Leistungen aller Anlagen Ende Mai 2023 werden von SMARD angegeben:

- Wind Onshore   57,5 GW,
- Wind Offshore   8,1 GW,

- PV   62,3 GW.
- Summe Wind + PV   128 GW.

Die Strom-Erzeuger Biomasse und Laufwasser gelten ebenfalls als regenerativ und sind auch prinzipiell regelbar. Allerdings haben sie kein wesentliches Ausbau-Potential.

Die Jahres-Produktion in 2022 betrug nach den Daten von SMARD:

- Biomasse   39,5 TWh, entspricht 8,2 % vom Jahres-Bedarf,
- Laufwasser   12,4 TWh, entspricht 2,5 % vom Jahres-Bedarf.

6.2   Zeitreihen, Summenwerte und das Lügen mit Statistik

Aus den Ergebnissen des vorigen Abschnittes leiten die Verfechter der Energiewende gerne die folgende frohe Botschaft ab:

> „Da wir im Jahr 2022 bereits über 35 % des Strom-Bedarfes aus Wind und PV erzeugt haben, müssen wir diese Anlagen in Deutschland nur noch etwa verdreifachen und schon haben wir damit dann den gesamten Strom-Bedarf mit Wind und PV abgedeckt."

Und um das zu erreichen, müsste man den Ausbau der „erneuerbaren Stromerzeugung" in Deutschland nur massiv vorantreiben. Und Schuld hat der Bürger, der dies nicht verstehen will, beziehungsweise eine „Fossile Lobby", die versucht, es zu verhindern.

Dies ist ein klassisches Beispiel für die bewusste oder unbewusste (aufgrund von Unkenntnis) Manipulation mithilfe statistischer Methoden – man könnte durchaus auch von „So lügt man mit Statistik"[22] sprechen und ein besonderer Fall sind die Größen „Mittelwert" und Summenbildung.

Ein einfaches Beispiel: Eine Person A besitzt 100.000 $ und ein Person B 0 $, im „Mittel" besitzen beide 50.000 $. Wie viel Brot kann Person B sich kaufen?

Natürlich können Summen- und Mittelwert-Bildung je nach Anwendungsfall eine sinnvolle Methode sein, um Erkenntnisse zu gewinnen oder Zusammenhänge anschaulich dazustellen.

In diesem Fall aber ist die oben zitierte Aussage völlig irreführend, wie die anschließend gezeigte Abfolge von Zeitreihen-Graphiken beweist, die immer dieselben Produktionsdaten, jedoch mit zunehmend feinerer zeitlicher Auflösung darstellen.

Die Abbildung 11 zeigt den gleichen Sachverhalt wie Abbildung 9, nämlich die Strom-Produktion aus Wind und PV für 2022 aufsummiert in ganz Deutschland nach Agora. Die Abbildungen 12–16 zeigen die gleichen Daten der Strom-Produktion in Zeitreihen mit unterschiedlicher zeitlicher Auflösung.

Anmerkung: Die entsprechenden Daten von SMARD unterscheiden sich von den Agora-Daten nur marginal.

Die Täuschung besteht in folgender „Argumentation": Die Graphik in Abbildung 11 besagt, dass übers ganze Jahr betrachtet die Summe der Stromerzeugung aus Wind und PV bereits mehr als

---

22   Walter Krämer, Sept. 2009, Piper Verlag

35% des Jahresbedarfes ausmacht, und daher müssen – so die Behauptung – die Wind- und PV-Anlagen nur noch verdreifacht werden und schon wäre der gesamte deutsche Strombedarf des Jahres komplett regenerativ erzeugt. Ein fataler Fehlschluss, denn:

spätestens in den Graphiken „Pro Tag" (Abbildung 15) und „Pro Stunde" (Abbildung 16), also in detaillierterer Betrachtungsweise, sieht man unzweideutig, dass:
- die Volatilität immer mehr zutage tritt,
- es viele Tage bzw. Stunden im Jahr gibt, an denen praktisch null Strom regenerativ erzeugt wird.

Es hilft eben nicht, wenn morgens der Wind mit 10 m/s weht und abends nicht, also mit 0 m/s, dass also im Mittel an diesem Tag der Wind 5 m/s weht.

Die regenerative Produktion schwankt zwischen Stundenwerten „fast gleich null" und Stundenwerten „fast gleich dem gesamten Bedarf" (letzteres zeigen wir weiter unten).
   Da hilft auch eine noch so große Vervielfachung nichts: tausendmal null ist immer noch null.

Hinzu kommt, dass mit zunehmender Vervielfachung von Wind und PV auch die Überangebote – das Angebot ist größer als Bedarf – zunehmen, so dass abgeregelt werden muss. Auch dadurch wird die tatsächliche Produktion und damit die Bedarfsdeckung reduziert. Bei einer Verdreifachung von Wind und PV erhalten wir keine Bedarfsdeckung von 100%, sondern von nur knapp 80%.

Die Behauptung der Energiewender vom Anfang dieses Abschnittes platzt damit wie eine Seifenblase. Nun meinen die

Energiewender, natürlich noch weitere Pfeile im Köcher zu haben, um die Volatilität zu beherrschen, wie z.B. Batteriespeicher, LNG-Kraftwerke (LNG = Liquid Natural Gas), grünen Wasserstoff. Diese Träumereien werden wir weiter unten im Detail betrachten.

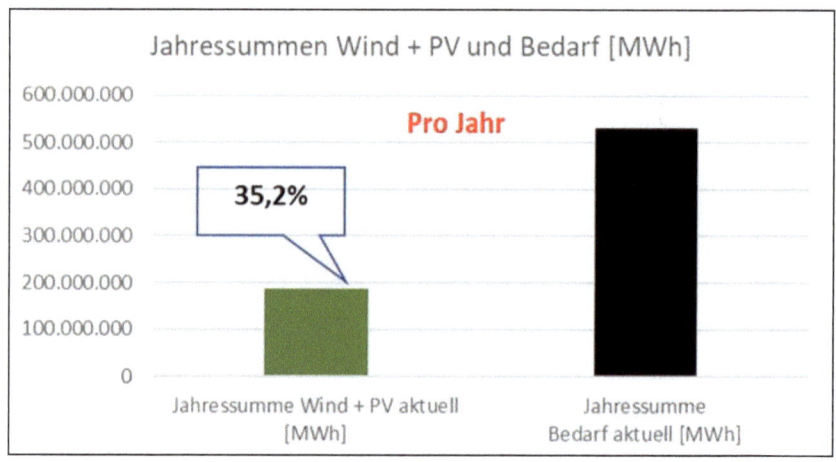

Abbildung 11: Zeitliche Auflösung jeweils ein Jahr

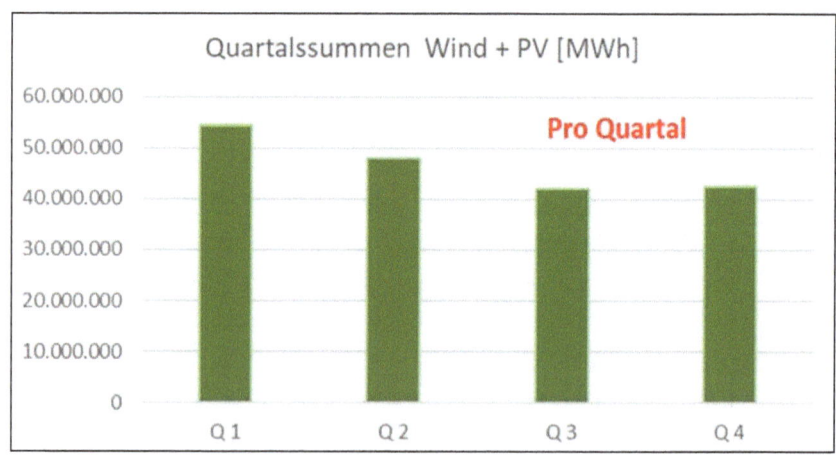

Abbildung 12: Zeitliche Auflösung jeweils ein Quartal

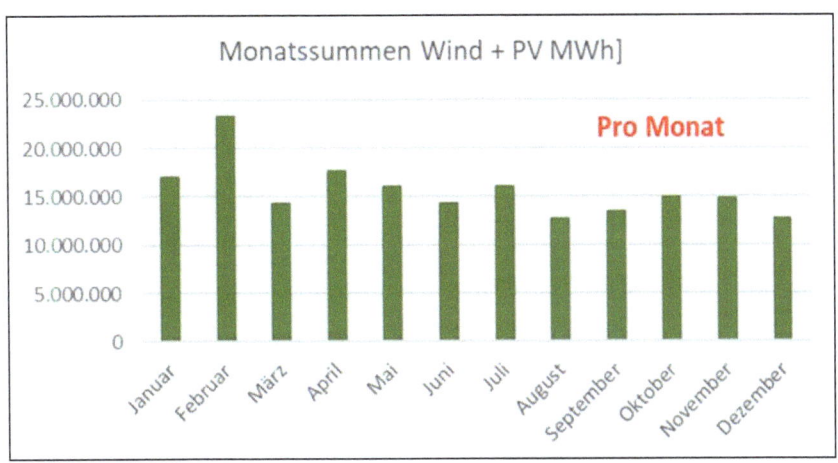

Abbildung 13: Zeitliche Auflösung jeweils ein Monat

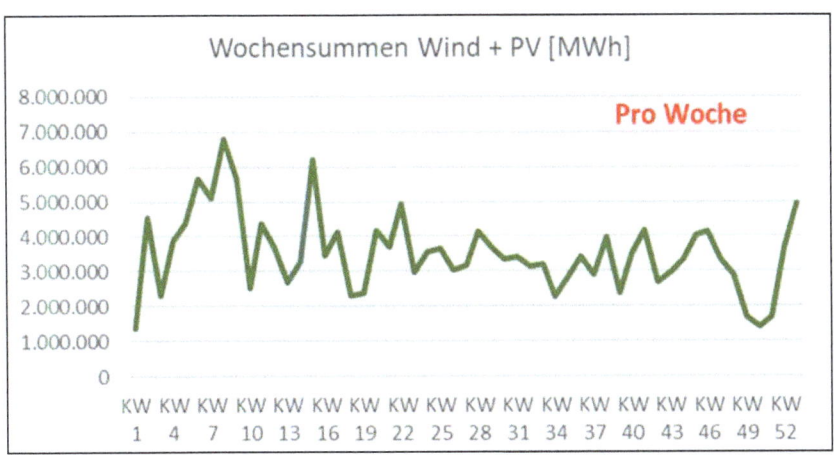

Abbildung 14: Zeitliche Auflösung jeweils eine Woche

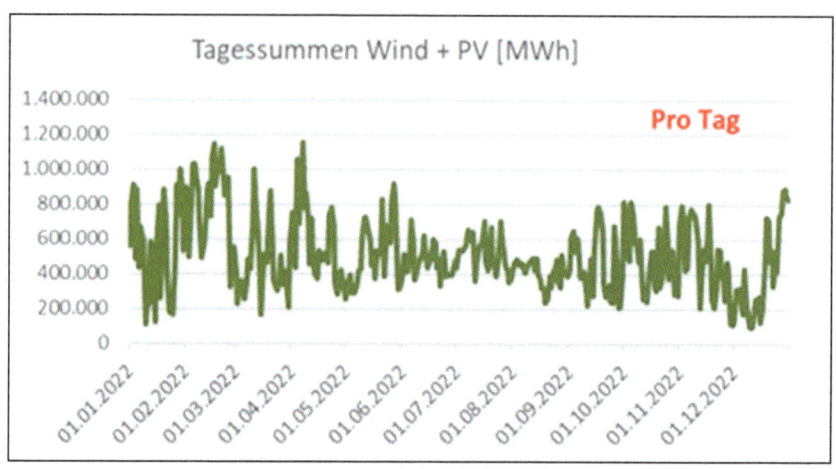

Abbildung 15: Zeitliche Auflösung jeweils ein Tag

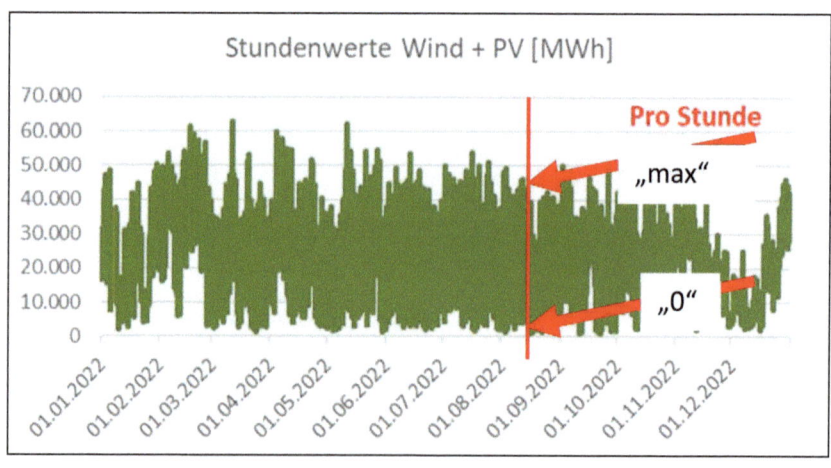

Abbildung 16: Zeitliche Auflösung jeweils eine Stunde

6.3 Zeitreihen auf Stundenbasis

Abbildung 16 zeigte bereits, dass bei der regenerativen Produktion Stunden-basierte Zeitreihen über ein Jahr hinweg graphisch schwer darstellbar sind, weil es sich um sehr viele Werte, entsprechend den 8760 Stunden des Jahres, mit stark schwankender Größe handelt.

Abbildung 17 zeigt die Zeitreihen der regenerativen Produktion und des Bedarfes für 2022. Auch der Bedarf unterliegt Schwankungen: In der Nacht ist der Bedarf geringer als am Tag, an den Wochenenden geringer als an den Werktagen. Allerdings ist der Bedarf sehr gut prognostizierbar und die regelbaren konventionellen Kraftwerke können ihre Produktion sehr gut darauf ausrichten.

Wind und PV dagegen sind kaum an den Bedarf anzupassen und ihre Volatilität sorgt für Extreme:

1. Das Minimum der Stromproduktion von Wind und PV trat am 16.08.2022 um 21:00 Uhr auf mit 0,857 GW, das sind 0,66% der installierten Leistung von Wind + PV.
2. Das Maximum der Stromproduktion von Wind und PV trat am 11.03.2022 um 12:00 Uhr auf mit 62.677 GW, das sind 48,51% der installierten Leistung von Wind + PV.
3. Die minimale Bedarfsdeckung trat am 16.08.2022 um 21:00 Uhr ein, als durch Wind + PV 1,36% des Bedarfes gedeckt wurden. In dieser Stunde mussten über 87% des Bedarfes durch die konventionellen Kraftwerke oder Pumpspeicher-Kraftwerke oder teure Importe gedeckt werden, die restlichen 11% durch Biomasse und Laufwasser. Dabei sind die

Pumpspeicher-Kraftwerke natürlich keine eigenständigen Strom-Erzeuger, sondern nur Speicher, die einen bereits vorher erzeugten Strom wieder zur Verfügung stellen. Auf die Pump-Speicherung gehen wir weiter unten noch ausführlich ein.

4. Die maximale Bedarfsdeckung trat am 20.02.2022 um 13:00 ein, als durch Wind + PV 88,3% des Bedarfes gedeckt wurden. Wie man sieht, wird auch sonst die Nullprozent-Linie fast permanent berührt, um später wieder sprunghaft das maximal Mögliche zu erreichen: „Licht an – Licht aus", kaum passend für ein Industrieland.

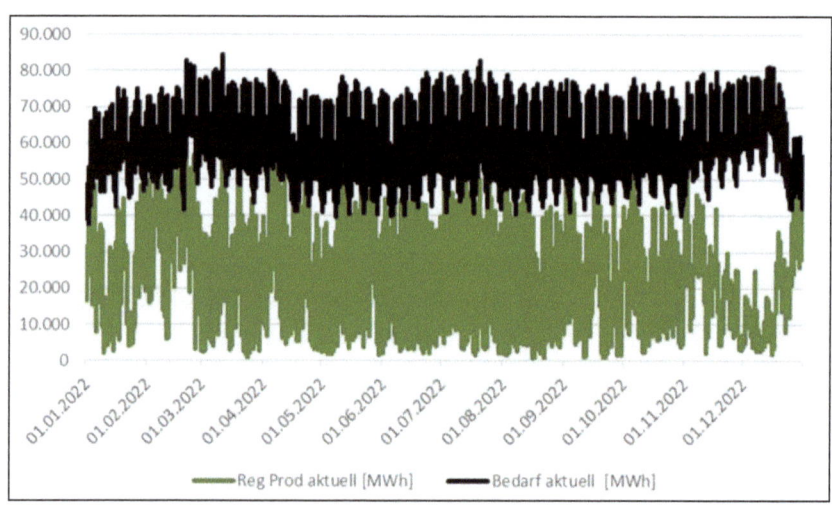

Abbildung 17: Stundenwerte [MWh] der Strom-Produktion Wind + PV und des Strombedarfes, Jahr 2022; Daten von Agora

6.4 Zeitreihen auf Tagesbasis

Die Abbildungen 18–22 zeigen mit der zeitlichen Auflösung für einen Tag – basierend auf den Werten von Agora für das Jahr 2022 und wieder für die Gesamtheit aller Anlagen in Deutschland – die Stromproduktion von:

- Wind Onshore,
- Wind Offshore,
- PV,
- die Summe der Produktionswerte Wind Onshore + Wind Offshore + PV
- sowie in einer gemeinsamen Graphik die Summe der Produktionswerte Wind + PV und den Bedarf.

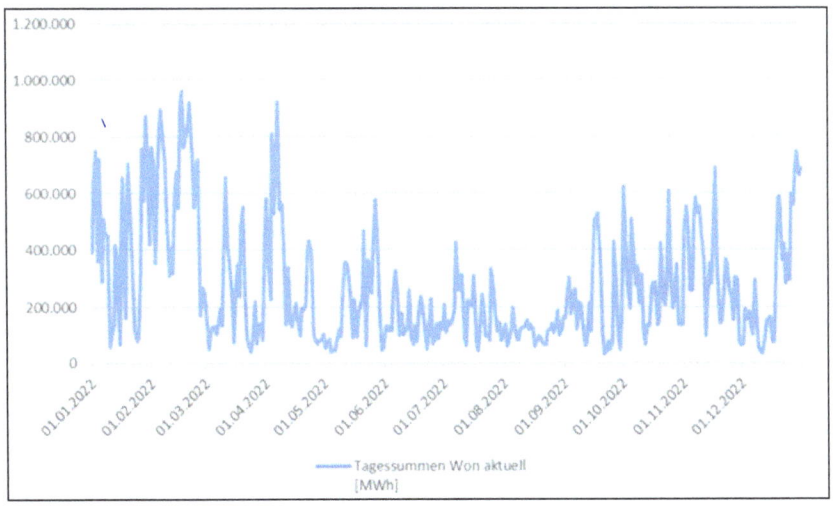

Abbildung 18: Tagessummen [MWh] Strom-Produktion
Wind Onshore ganz Deutschland

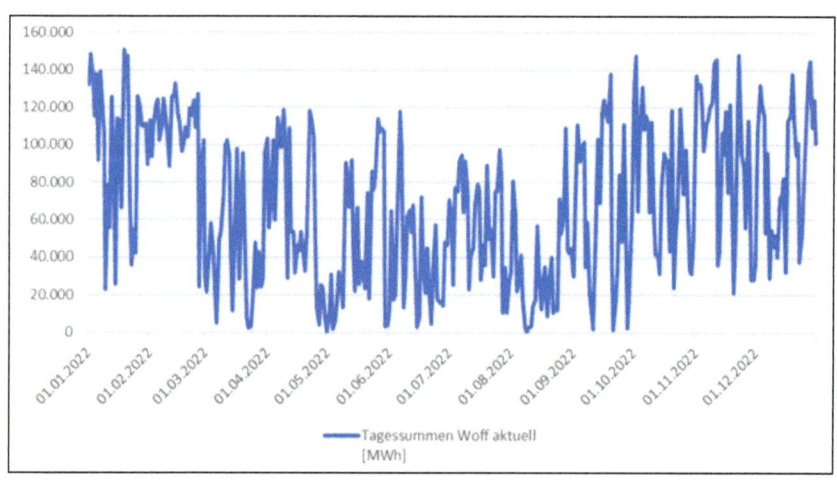

*Abbildung 19: Tagessummen [MWh] Strom-Produktion
Wind Offshore ganz Deutschland*

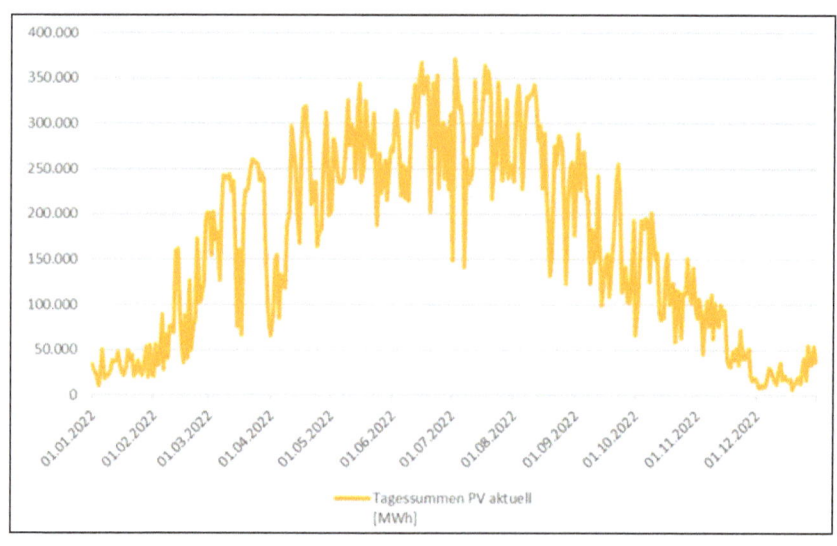

Abbildung 20: Tagessummen [MWh] Strom-Produktion PV ganz Deutschland

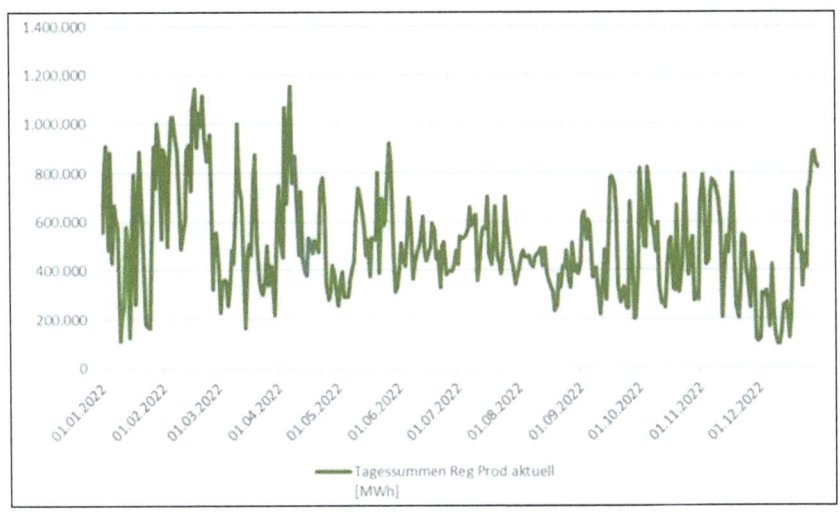

Abbildung 21: Tagessummen [MWh] Strom-Produktion
Wind Onshore + Wind Offshore + PV ganz Deutschland

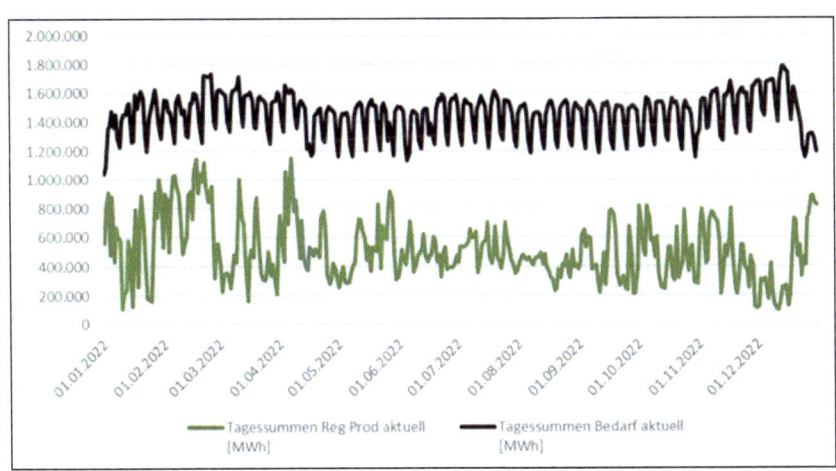

Abbildung 22: Tagessummen [MWh] Strom-Produktion
Wind Onshore + Wind Offshore + PV ganz Deutschland
sowie Bedarf [MWh] ganz Deutschland für das Jahr 2022

Bemerkungen zu und Erkenntnisse aus den Abbildungen 18–22:

1. Die Skalierungen der y-Achsen sind unterschiedlich. Auf eine gleichmäßige Skalierung wurde bewusst verzichtet, um z.B. die Volatilität von Wind Offshore nicht optisch zu verharmlosen.

2. Die Graphiken sind nicht so verwischt wie bei den Stundenwerten, weil es sich nur noch um jeweils 365 Daten, entsprechend den Tagen des Jahres, handelt.

3. Die Abbildung 18 zeigt, dass die oft verbreitete Behauptung „Irgendwo in Deutschland weht immer Wind" nicht stimmt. Die meteorologischen Verhältnisse sind viel großflächiger als das kleine Deutschland.

4. Die Abbildung 19 zeigt, dass die Behauptung „Auf See weht der Wind sehr stark und gleichmäßig" ebenfalls falsch ist. Auch auf See gibt es viele Tage mit (fast) Windstille. Vielleicht sollte man die aktuelle Diskussion um die Stromtrassen auch mal mit dieser Tatsache konfrontieren?

5. Abbildung 20 zeigt den erwarteten Jahresgang der PV-Produktion: Im Winter tendiert PV gegen Null und ist im Sommer sehr stark. Man beachte, dass Abbildung 20 natürlich nicht den Tagesgang von PV zeigt, nämlich die Tatsache, dass auch im Hochsommer in der Nacht die PV-Werte Null sind.
Was man – natürlich nur mit böswilliger Zunge – sagen könnte, ist, dass man als „Photovoltaiker" mit Wärmepumpe im Hochsommer richtig heizen kann. Nichtsdestotrotz eine Erkenntnis. Wir werden dieses Thema in einem späteren Kapitel wieder aufgreifen.

6. Abbildung 21 zeigt, dass die Behauptungen „Wind Onshore und Wind Offshore gleichen sich aus" sowie „Wind und PV gleichen sich aus" ebenfalls Unsinn sind.

7. Abbildung 22 zeigt den Wochengang des Strom-Bedarfes. Wie auch schon in Abschnitt 6.3 bei den Stundenwerten diskutiert, gibt es auch hier Tage, an denen sich Produktion und Bedarf relativ nahekommen und Tage, an denen das Gegenteil der Fall ist.

Die nächste Abbildung zeigt im Vergleich mit Abbildung 22 die gleichen Zeitreihen für Produktion und Bedarf für das Jahr 2021. Die Daten stammen von Agora. Natürlich unterscheiden sich die einzelnen Tages-Werte der beiden Jahre, doch sind die Prinzipien gleich, z.B. der Wochengang des Bedarfes und die Volatilität der regenerativen Produktion, die der jeweiligen Laune von Wind und Sonne folgt.

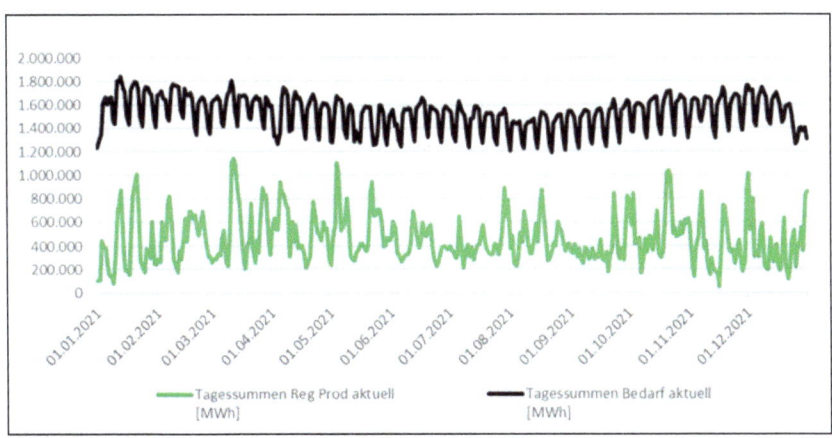

Abbildung 23: Tagessummen [MWh] Strom-Produktion Wind Onshore + Wind Offshore + PV ganz Deutschland sowie Bedarf [MWh] ganz Deutschland für das Jahr 2021

In einem späteren Kapitel werden wir anhand verschiedener Szenarien versuchen, Bedarf und Produktion durch Vervielfältigung der Anlagen in Übereinstimmung zu bringen. Wir werden zeigen, dass dies nur mit ungeheuren Aufwänden in Speicherung, Backup-Kraftwerke oder Importe möglich wäre.

Schließlich zeigt die Abbildung 24, dass nicht nur für PV, sondern auch für Wind innerhalb einzelner Tage eine enorme Spannbreite zwischen minimaler und maximaler Produktion herrschen kann. Dargestellt ist für den Fall Wind Onshore für jeden Tag des Jahres das jeweilige Tagesmaximum und das Tagesminimum.

Zusätzlich zeigt die Abbildung 25 noch für jeden Tag des Jahres den Quotienten aus dem Tagesmaximum und dem Tagesminimum. An manchen Tagen kann die Produktion um den Faktor 20 und mehr schwanken. Die Daten sind wieder von Agora für 2022.

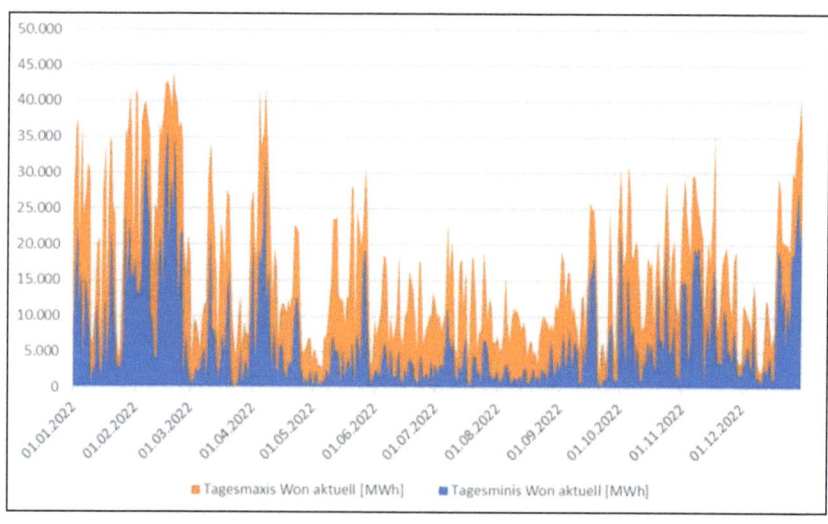

Abbildung 24: Produktion Wind Onshore: Tagesmaxima und Tagesminima

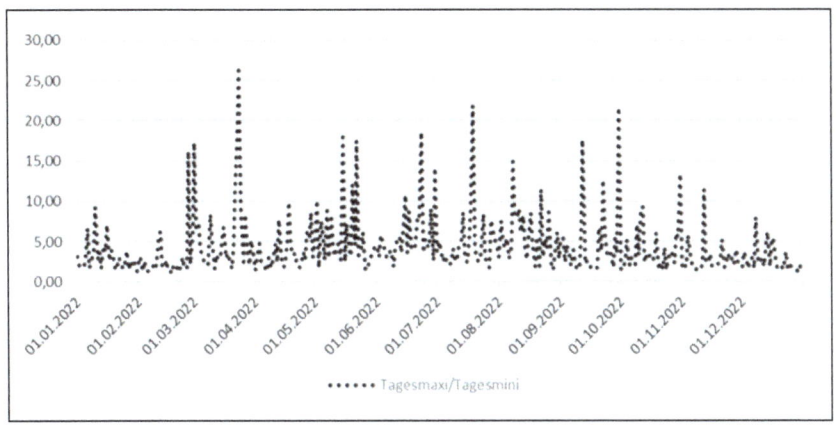

Abbildung 25: Quotient aus maximaler und
minimaler Stunden-Produktion bei Wind Onshore

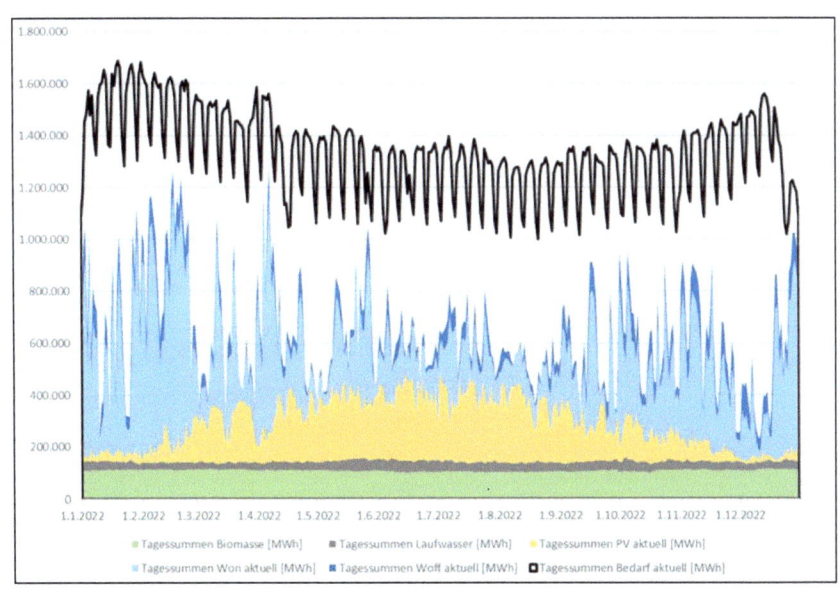

Abbildung 26: Biomasse, Laufwasser, PV, Wind und Bedarf in 2022

Die Abbildung 26 zeigt für das Jahr 2022 mit den Daten von SMARD die Zeitreihen in kumulierter Form der Produktion von Biomasse, Laufwasser, Wind Onshore, Wind Offshore, PV. Darübergelegt die Zeitreihe des Bedarfes. Man sieht die Konstanz von Biomasse und Laufwasser, den Jahresgang von PV (nicht den Tagesgang von PV, da die Tagessummen dargestellt sind) und die extreme Volatilität und Unzuverlässigkeit des Windes.

Die „weißen Lücken" werden von den konventionellen Kraftwerken gefüllt.

6.5   Tagesgänge

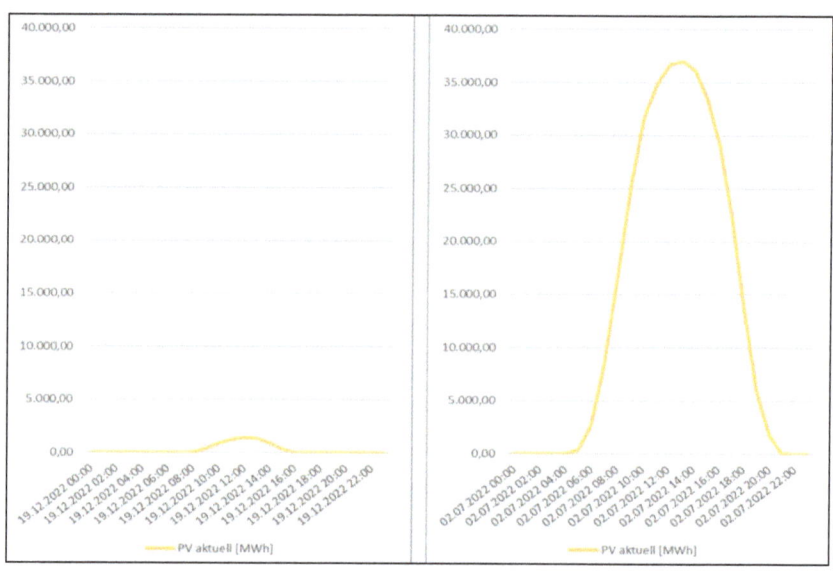

Abbildung 27: Tagesgang PV-Produktion im Winter und im Sommer

Die Tagesgänge der PV-Produktion unterscheiden sich im Jahresverlauf nicht in ihrer Form: Des Nachts ist die Produktion null, um die Mittagszeit maximal. Im Jahresverlauf verändert sich aber die Länge der Dunkelphase und das Produktionsmaximum um die Mittagszeit in einem enormen Ausmaß. Die Abbildung 27 zeigt für PV jeweils den Tagesgang eines extremen Wintertages und eines extremen Sommertages.

Beim Wind sieht das anders aus. Steigen wir ein mit einem weiteren grünen Märchen, das man oft zu hören bekommt:

„Sonne und Wind ergänzen sich ideal. Nachts, wenn die Sonne schläft, bläst der Wind sehr stark und tagsüber, wenn die Sonne scheint, darf sich auch der Wind mal ausruhen. In Summe ergänzen sich beide ideal und sorgen zusammen für eine gleichmäßige Strom-Produktion."

Nun sind die Tagesverläufe des Windes übers Jahr verteilt sehr unterschiedlich: mal bläst der Wind in der Nacht stärker als am Tag, mal umgekehrt.

Daher haben wir jeweils für Wind Onshore und für Wind Offshore alle 365 Tagesverläufe gemittelt: Für jede der 24 Stunden haben wir alle 365 Produktionswerte dieser Stunde im Jahr aufaddiert und die Summe durch 365 geteilt. Das Ergebnis bezeichnen wir als „Gemittelter Tagesverlauf eines Jahres".

Abbildung 28 zeigt für das Jahr 2022 mit den Daten von SMARD den gemittelten Tagesverlauf von Wind Onshore und Abbildung 29 entsprechend für Wind Offshore. Man sieht, dass beide Verläufe um den Vormittag bzw. Mittag eine leichte Delle haben. Von einem Ausgleich des extremen Produktions-Ausschlages der PV kann daher wohl nicht die Rede sein.

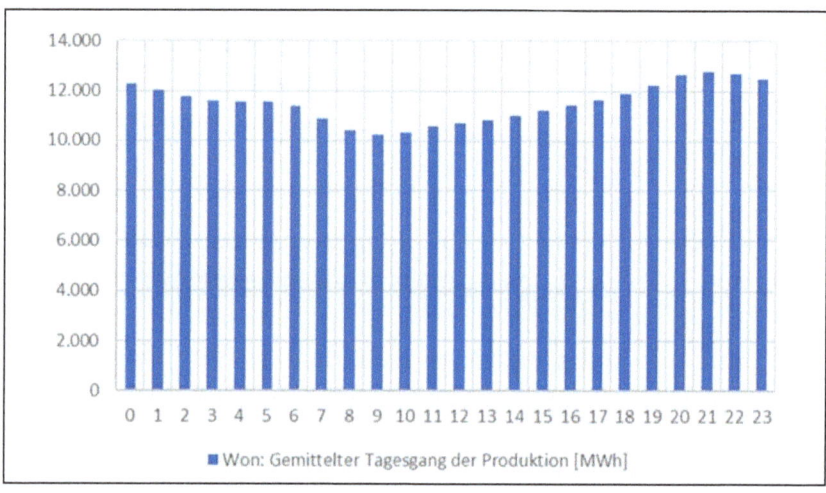

Abbildung 28: Übers Jahr gemittelter Tagesgang der Produktion von Wind Onshore. Die x-Achse zeigt die 24 Stunden eines Tages.

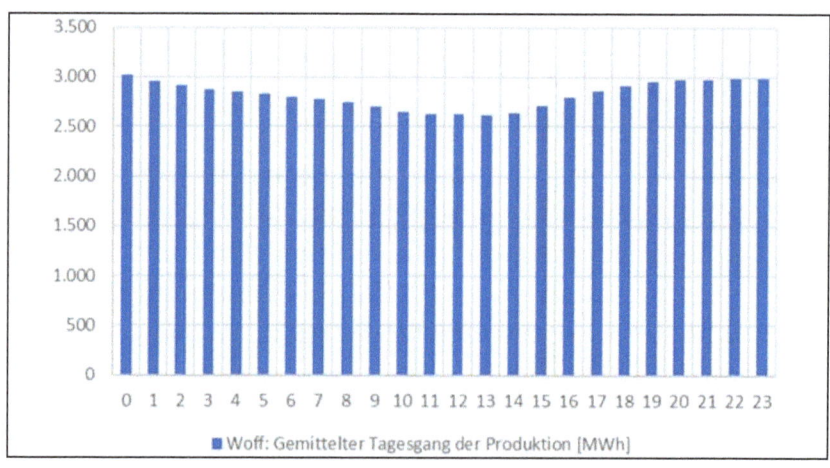

Abbildung 29: Übers Jahr gemittelter Tagesgang der Produktion von Wind Offshore. Die x-Achse zeigt die 24 Stunden eines Tages.

6.6 Häufigkeitsverteilungen der Produktionswerte für das Jahr 2022

Während Zeitreihen die zeitliche Abfolge von Daten darstellen, sind in einer Häufigkeitsverteilung die Daten nicht nach ihrer zeitlichen Reihenfolge angeordnet, sondern nach ihrer Größe sortiert.

6.6.1 Häufigkeitsverteilung bei Wind Onshore

Die Tabelle in Abbildung 30 zeigt für Wind Onshore – für das Jahr 2022 mit den Stundenwerten von SMARD – die Häufigkeitsverteilung der Stundenwerte nach ihrer Größe sortiert.

In dieser Tabelle werden Leistungsintervalle gebildet. Die zweite Zeile von oben zeigt an, dass an 31,8% aller Stunden des Jahres, nämlich an 2782 Stunden, der Produktionswert von Wind Onshore zwischen 0 und 5 GWh lag. Die dritte Zeile von oben besagt, dass an 25,4% aller Stunden des Jahres, nämlich an 2221 Stunden, der Produktionswert zwischen 5 und 10 GWh lag usw.

Die gleiche Information ist in der Graphik in Abbildung 31 dargestellt. Eine solche Graphik wird Histogramm genannt. Dort entspricht z.B. der linke Balken der zweiten Zeile aus der Tabelle usw.

Im Jahr 2022 war für Wind Onshore eine Gesamt-Leistung von 58 GW installiert. Demnach wäre die maximal mögliche Stunden-Produktion 58 GWh. Die Häufigkeitsverteilung besagt z.B., dass

- an 31,8% aller Stunden des Jahres eine Stunden-Produktion von höchstens 5 GWh aufgetreten ist, das sind 8,6% (5 GWh/58 GWh) der maximal möglichen Stunden-Produktion,
- an 57,2% aller Stunden des Jahres eine Stunden-Produktion von höchstens 10 GWh aufgetreten ist, das sind höchstens 17,2% (10 GWh/58 GWh) der maximal möglichen Stunden-Produktion,

usw.

Die Abbildung 32 stellt die gleichen Produktionsdaten wie in den Abbildungen 30 und 31 dar. Allerdings ist jetzt die Breite der Häufigkeitsintervalle halbiert worden, d.h., jede Säule aus Abbildung 31 ist halbiert worden. Die Häufigkeitswerte zu jeder Säule sind entsprechend abgesunken.

Intervall	Anzahl Stunden pro Intervall	Häufigkeit Stunden pro Intervall
[0...5]	2782	31,8%
[5...10]	2221	25,4%
[10...15]	1180	13,5%
[15...20]	939	10,7%
[20...25]	695	7,9%
[25...30]	358	4,1%
[30...35]	312	3,6%
[35...40]	205	2,3%
[40...45]	68	0,8%
[45...50]	0	0,0%
[50...55]	0	0,0%
[55...60]	0	0,0%

Abbildung 30: Häufigkeitsverteilung der stündlichen Produktionswerte Wind Onshore. Installierte Gesamt-Leistung 58 GW

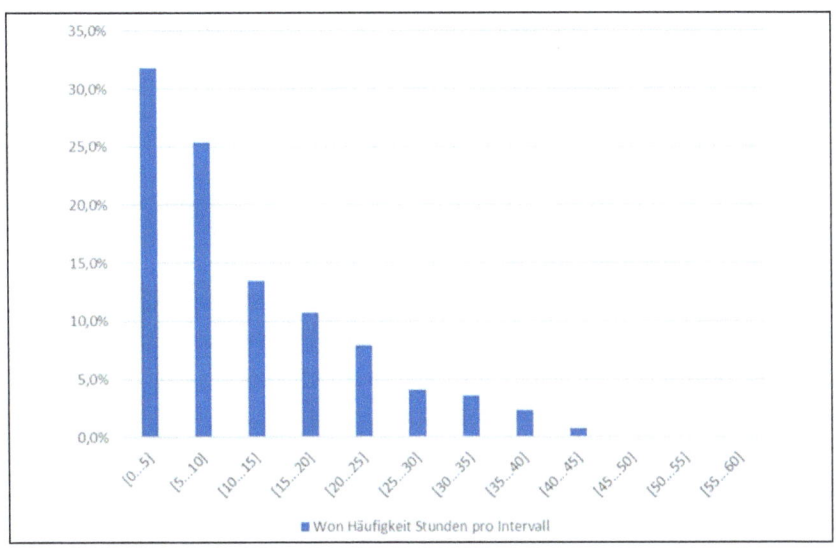

Abbildung 31: Histogramm der stündlichen Produktionswerte Wind Onshore.
Intervallbreite 5 GWh

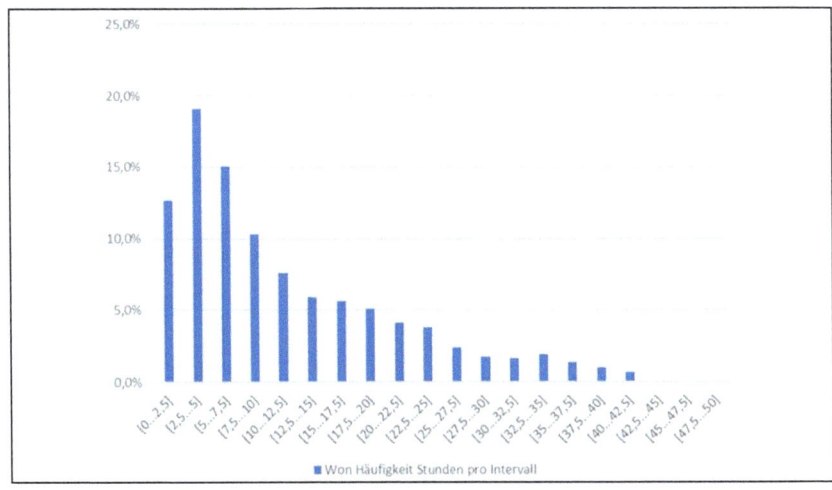

Abbildung 32: Histogramm der stündlichen Produktionswerte Wind Onshore.
Intervallbreite 2,5 GWh

Diese Häufigkeitsverteilungen zeigen, wie Mittelwertbildung zu gravierenden Fehlschlüssen führt, weil an den meisten Stunden eben nur sehr wenig produziert wird.

6.6.2 Häufigkeitsverteilung bei Wind Offshore

Bei Wind Offshore kommen höhere Produktionswerte (relativ zur installierten Leistung) öfter vor als bei Wind Onshore. Interessant ist auch das lokale Maximum bei Produktionswerten zwischen 4,5 und 5 GWh mit einer Häufigkeit von 9,5 %.

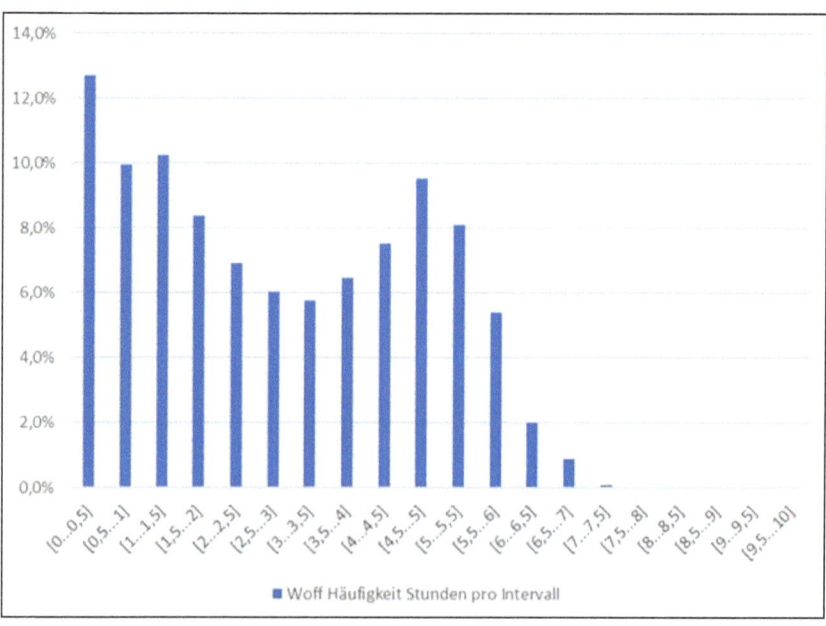

Abbildung 33: Häufigkeitsverteilung der stündlichen Produktionswerte Wind Offshore. Installierte Gesamtleistung 8 GW.

6.6.3 Häufigkeitsverteilung bei PV

Betrachtet man die Häufigkeitsverteilungen bei PV in Abbildung 34, so fällt auf, dass beinahe 60% aller Stunden des Jahres einen Produktionswert von höchsten 2 GWh aufweisen. Das entspricht einer Leistung von maximal 3,2% der installierten Leistung, der sogenannten Peak-Leistung, von 63 GW. Hier schlagen natürlich alle Nachtstunden zu Buche ebenso wie die vielen trüben Wintertage.

Das Maximum der PV-Produktion wurde in 2022 am 17.07. um 13:00 Uhr erzielt mit einem Wert von 38,3 GWh, was einer Leistung von fast 61% der Peak-Leistung entspricht.

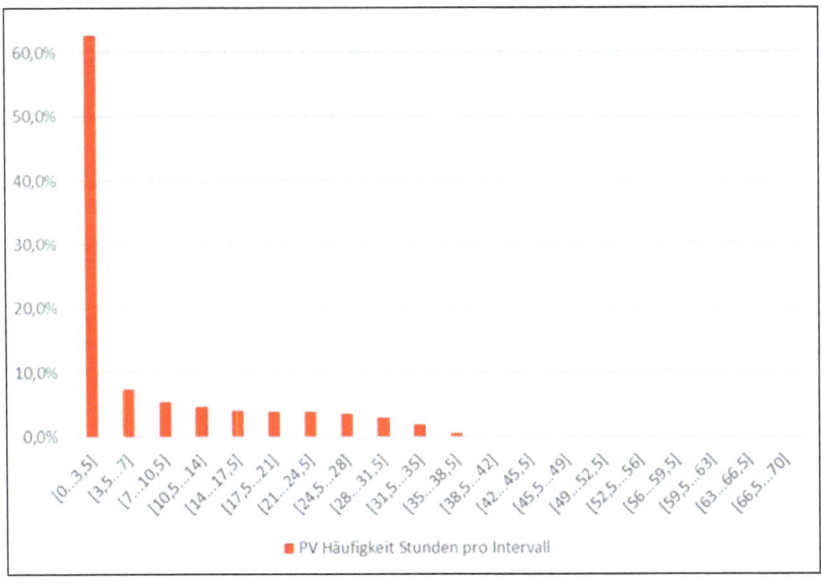

Abbildung 34: Häufigkeitsverteilung der stündlichen Produktionswerte PV.
Installierte Gesamtleistung 63 GW.

6.6.4 Der Traum von der Windstrom-Autarkie

So manch ein Lokalpolitiker einer Gemeinde oder eines Landkreises träumt davon, seine Gemeinde bzw. seinen Landkreis mit Windstrom „autark versorgen" zu können.

Die Argumentation dazu benutzt im Wesentlichen wieder den bekannten Trick mit der Summenbildung, beispielsweise folgendermaßen:

„Wir sind im Süden Bayerns eine relativ kleine ländlich geprägte Gemeinde mit ca. 3.000 Einwohnern, entsprechend ca. 1.000 Haushalten. Hinzu kommt noch etwas Klein-Gewerbe. Wenn wir pro Haushalt von einem Jahres-Bedarf von 4.000 kWh (natürlich ohne Wärmepumpen) ausgehen, benötigen wir 4.000 MWh für die 1.000 Haushalte, insgesamt mit dem Gewerbe und den öffentlichen Gebäuden vielleicht 5.000 MWh. Eine 3-MW-WKA mit 20% Wirkungsgrad würde im Jahr einen Ertrag von 5.256 MWh liefern, was uns schon autark machen würde. Na ja und wenn demnächst noch die ganzen Wärmepumpen dazukommen, stellen wir eben noch eine zweite oder dritte WKA hin."

Jetzt haben wir ja bereits mehrfach gesehen, wie irreführend die Argumentation mit den Jahressummen ist.

Wenn man z.B. die publizierten Produktionswerte unseres Betreibers „LK" aus Kapitel 5.2.3 betrachtet, stellt man fest: An 53% aller Tage des Jahres 2022 wiesen die WKA dieses Betreibers eine Tages-durchschnittliche Leistung von weniger als 10% der installierten Nennleistung auf.

Dies heruntergebrochen auf eine 3-MW-WKA würde bedeuten: An 53% aller Tage des Jahres erbringt diese Anlage eine Tages-durchschnittliche Leistung zwischen 0 kW und maximal 300 kW.

Zum Vergleich: eine Herdplatte hat eine Leistung zwischen 1 und 2,5 kW.
Folgerung: Mit der 3-MW-WKA kann man an 53% aller Tage des Jahres Tages-durchschnittlich höchstens 150 Kochplatten mit einer Leistung von 2 kW gleichzeitig betreiben.

Ergo: Von den 1.000 Haushalten können meistens nur 150 Haushalte gleichzeitig kochen. Es geht also gar nicht mehr, dass wie bisher alle Leute ungefähr gleichzeitig zu Mittag und zu Abend essen. Man muss sich eben absprechen und das Ganze auch schon mal um Mitternacht erledigen.

Oder anders gesagt: Strom ist nur da, wenn der Wind weht.

6.6.5 Fazit

Die Häufigkeitsverteilungen zeigen, dass an keiner Stunde des Jahres 2022 die installierte Nennleistung von W Onshore Gesamt oder Wind Offshore Gesamt erzielt wurde.

Bei konkreten einzelnen Anlagen kann es durchaus einzelne Stunden des Jahres mit der maximal möglichen Leistung, d.h. der Nennleistung geben. Für die Bedarfsdeckung von ganz Deutschland ist jedoch das Verhalten einzelner Anlagen völlig irrelevant, wichtig ist nur das Verhalten der regenerativen Gesamt-Produktion.

6.7 Dunkel-Flauten und die CO2-Bilanz

Bereits in Abbildung 22 war erkennbar, dass es am Ende des Jahres 2022 Zeitintervalle mit sehr geringer Strom-Produktion aus Wind und PV gab.

Die folgende Abbildung 35 zeigt auf Stundenbasis den Zeitraum I vom 28.11. 13:00 Uhr bis 02.12. 12:00 Uhr und die Abbildung 36 den Zeitraum II vom 08.12. 00:00 Uhr bis 13.12. 23:00 Uhr.

Dargestellt ist für jede Stunde des betreffenden Zeitraumes die Bedarfsdeckung in Prozent zum einen durch die Regenerativen Wind Onshore + Wind Offshore + PV und zum anderen durch die Fossilen Braunkohle, Steinkohle, Erdgas.

Die Daten stammen von SMARD. Bedarfsdeckung ist der Quotient aus der jeweiligen Produktion und dem Bedarf.

Man sieht, dass in beiden Zeitintervallen die regenerative Bedarfsdeckung an mehreren Tagen hintereinander den Wert von 10% nicht überschreitet, d.h. kein Wind, kein PV deutschlandweit. Um den Mangel an regenerativer Produktion auszugleichen, laufen an diesen Tagen die fossilen Kraftwerke auf Hochtouren bei einer Bedarfsdeckung zwischen 60% und 90%.[23]

Damit wird natürlich die CO_2-Produktion in die Höhe getrieben, d.h., jede Dunkelflaute verschlechtert die CO_2-Bilanz Deutschlands spürbar. Dieses Problem wird durch die Abschaltung der

---

23 Die Summe der beiden Bedarfsdeckungen kann manchmal über 100% liegen, der Überschuss muss zurzeit exportiert werden. Speicher entsprechender Dimensionen gibt es gegenwärtig nicht.

drei letzten Kernkraftwerke am 15. April 2023 weiter zunehmen, weil deren Anteil an der Bedarfsdeckung von typischerweise 5-6% im Falle einer Dunkelflaute jetzt auch von den Fossilen übernommen werden muss.

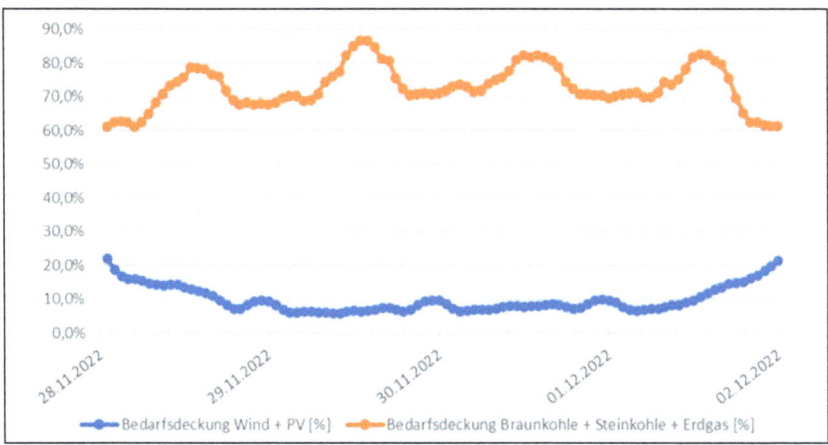

Abbildung 35 Bedarfsdeckung Wind + PV und fossil in einer Dunkelflaute, Zeitraum I

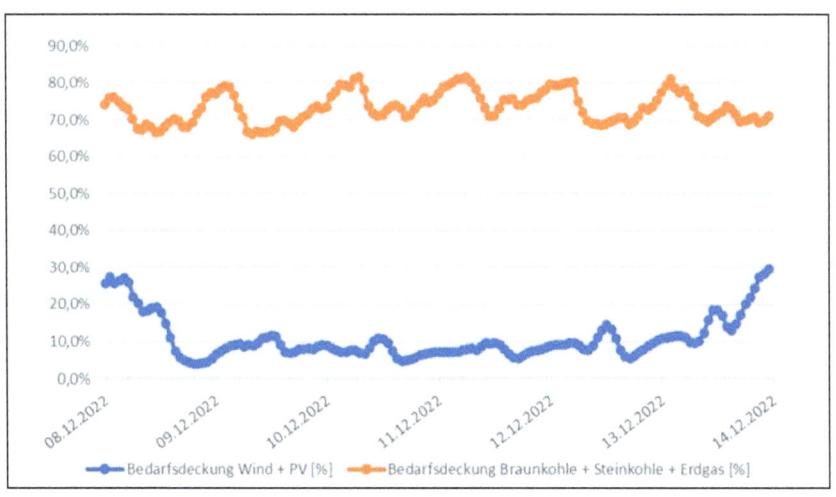

Abbildung 36: Bedarfsdeckung Wind + PV und fossil in einer Dunkelflaute, Zeitraum II

Zum Beispiel gibt das Portal stromdaten.info[24] für den 30.11.2022 für die deutsche Stromerzeugung einen CO_2-Emissionsfaktor von ca. 601 g CO_2 pro erzeugter kWh Strom als Durchschnittswert für diesen Tag an. Damit war Deutschland wenigstens in dieser Disziplin Vize-Europameister direkt nach Polen.

Das Portal electricitymaps [25] gibt als Durchschnittswert für den gesamten Dezember 2022 als CO_2-Emissionsfaktoren an:
- für Deutschland 554 g CO_2/kWh,
- für Polen 866 g CO_2/kWh,
- für Frankreich 122 g CO_2/kWh.

Dies ist konform zu der Tatsache, dass Polen den größten Teil seiner Stromerzeugung mit fossilen Kraftwerken realisiert, während Frankreich auf Kernkraftwerke setzt.

Das Portal ENTSO-E[26] gibt mit Stand 21.12.2022 folgende Werte für die installierten Leistungen [MW] an:

	Wind Onshore	Wind Offshore	PV	Braun-kohle	Stein-kohle	Erdgas	Kernkraft
Deutschland	57600	8129	62579	17692	18127	31958	4056
Frankreich	21559	494	14942	–	1816	12978	61370
Polen	8970	–	10415	7560	19043	3789	–

Parallel zu der katastrophalen CO_2-Bilanz wächst in Dunkelflauten die Gefahr eines Blackouts. Die Aussagen eines dazu passen-

---

24   www.stromdaten.info/ANALYSE/emissions/index.php
25   app.electricitymaps.com/map
26   transparency.entsoe.eu/generation/r2/installedGenerationCapacity Aggregation/show

den Artikels in Welt-Online am 20.11.2022 in einem Interview mit dem Chef des Bundesamtes für Bevölkerungsschutz und Katastrophenhilfe mit dem Titel „Müssen davon ausgehen, dass es im Winter Blackouts geben wird"[27] wurden in den folgenden Tagen von Mitarbeitern dieses Amtes relativiert und teilweise zurückgenommen. Es kann eben nicht sein, was aus Sicht der Energiewender nicht sein darf.

6.8 Export, Import, Großhandelspreise

Die folgenden Abbildungen 37–39 zeigen bzgl. der gesamten deutschen Strom-Produktion im Jahr 2022 die Tagessummen des Netto-Exportes ins Ausland, die Tagesmittelwerte des europäischen Großhandelspreises und die Tagessummen des jeweiligen Erlöses als Produkt aus Netto-Export und Preis.

Die Daten stammen von SMARD. Die Großhandelspreise sind stündliche Day-Ahead-Preise, die täglich mittels Auktion ermittelt werden[28].

Ein negativer Netto-Export bedeutet, dass importiert wurde. Ein negativer Preis bedeutet, dass der Strom-Lieferant dem Strom-Abnehmer Geld bezahlt.

Negative Preise kamen nur an insgesamt 69 Stunden des Jahres 2022 vor. Niedrigster stündlicher Börsenpreis war am 20.03.2022 13:00 Uhr mit -19,04 EUR, höchster stündlicher Börsenpreis am

---

27 https://www.welt.de/politik/deutschland/plus242204899/Katastrophen-schutz-Davon-ausgehen-dass-es-im-Winter-Blackouts-geben-wird.html
28 www.smard.de/home/benutzerhandbuch

29.08.2022 19:00 Uhr mit 871,00 EUR. Die Abbildung 38 zeigt Tagesmittelwerte der Börsenpreise, wo die Extremata nicht so stark sind wie bei den Stundenwerten.

Ein positiver Erlös bedeutet, dass entweder zu positivem Preis exportiert oder zu negativem Preis importiert wurde. Ein negativer Erlös bedeutet, dass entweder zu negativem Preis exportiert oder zu positivem Preis importiert wurde.

Auch hier zeigen die Zeitreihen eine hohe Volatilität. Der Verlauf der Strom-Großhandelspreise spiegelt die Energiekrisen des Jahres 2022 wider, den Beginn des Ukraine-Krieges beim Monatswechsel Februar-März und die allgemeine Rohstoff-Preisexplosion August-September.

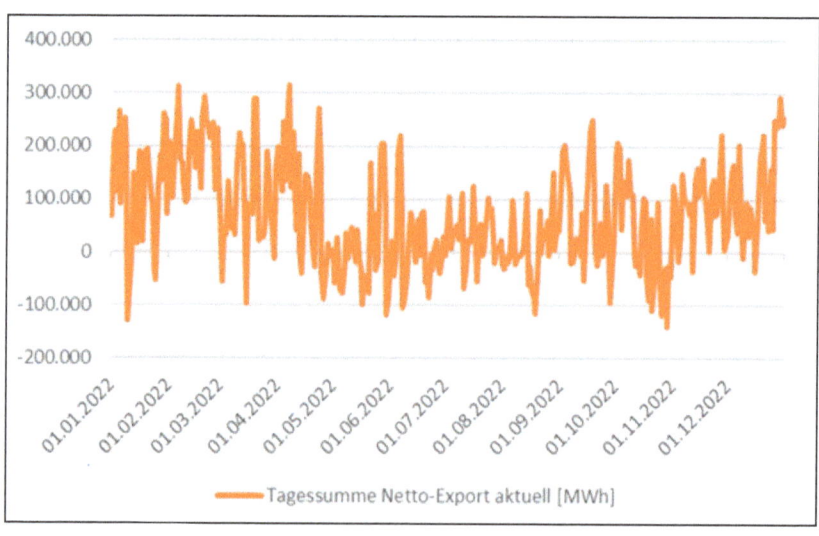

Abbildung 37: Tagessummen Netto-Export

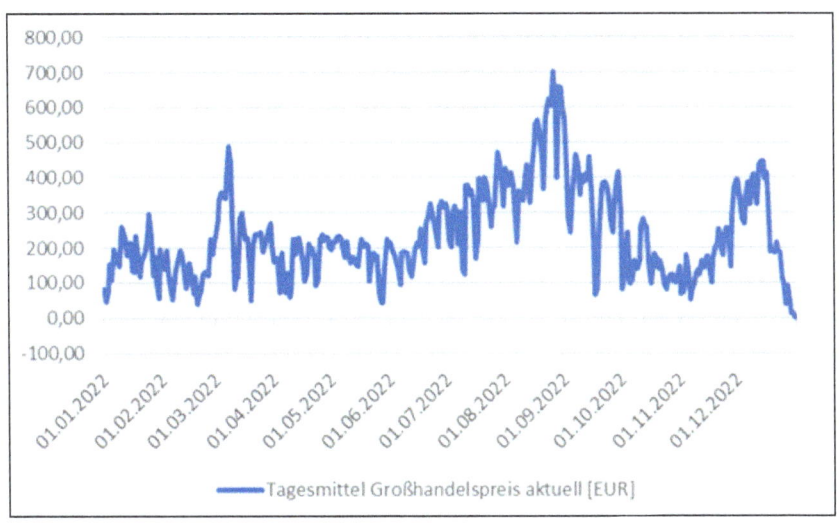

Abbildung 38: Tagesmittelwert Großhandelspreis [EUR]

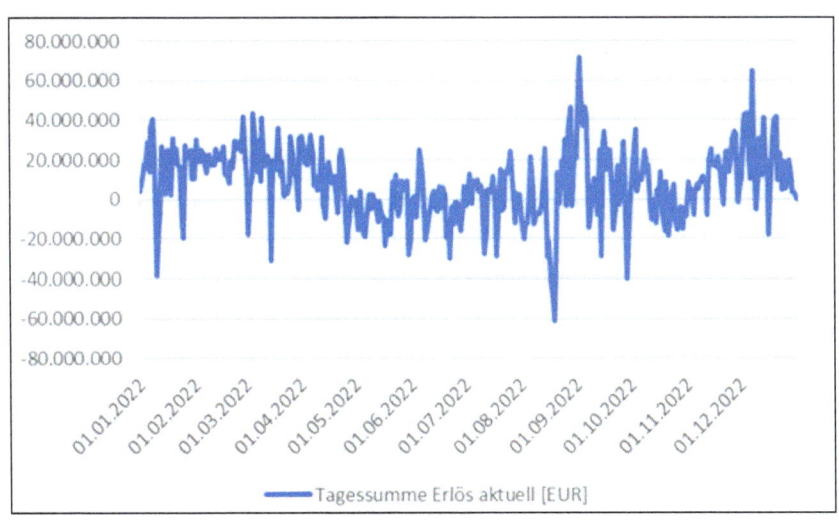

Abbildung 39: Tagessummen Erlöse = Netto-Export * Großhandelspreis [EUR]

Insgesamt erzielte Deutschland einen positiven Jahres-Erlös von ca. 2,9 Milliarden Euro, wobei ein Netto-Export von 26,5 TWh erzielt wurde. Das heißt, Deutschland hat in 2022 mehr Strom ins Ausland exportiert als importiert.

Die folgenden Tabellen zeigen die Länder, nach denen die größten Mengen exportiert, bzw. aus denen die größten Mengen importiert wurden:

Land	Frankreich	Österreich	Schweiz
Exportmenge [TWh]	20,5	17,6	10,4

Land	Dänemark	Niederlande	Norwegen
Importmenge [TWh]	14,2	6,0	5,7

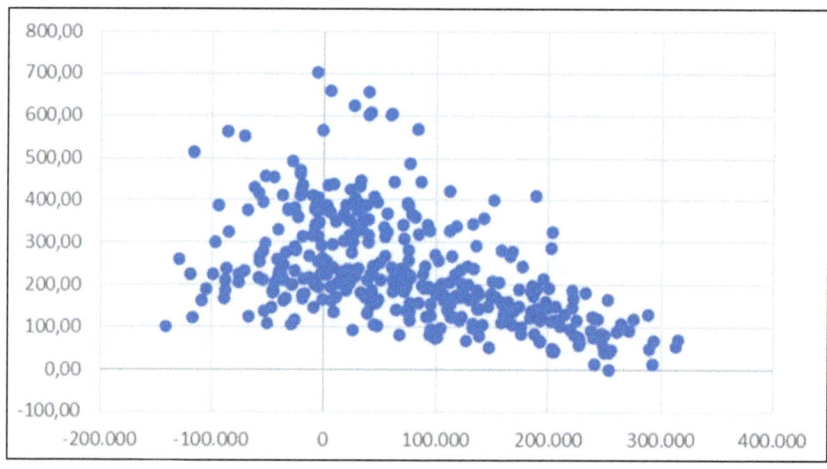

Abbildung 40: Korrelations-Diagramm zwischen Netto-Export (x-Achse)
und Großhandelspreis (y-Achse)

Die Zeitreihen für den Netto-Export und den Großhandelspreis lassen zunächst keinen Zusammenhang zwischen diesen beiden Größen erkennen.

Im Korrelationsdiagramm der beiden Größen in Abbildung 40 – deren Zeitreihen sind in Abbildung 37 und 38 dargestellt – erkennt man hingegen durch die mathematische Auswertung, dass höhere Netto-Exporte mit niedrigeren Preisen korreliert sind, was ja auch einem typischen Marktverhalten entspricht. Entsprechend berechnet sich der Korrelationskoeffizient der beiden Größen zu -0,51.

Ein ähnlicher Zusammenhang besteht zwischen Regenerativer Produktion und Großhandelspreis.

Je mehr Strom in Deutschland aus Wind und PV produziert wird, desto geringer sind die Großhandelspreise, ein Zusammenhang, der nicht überrascht.

Allerdings sind die Verbraucherpreise in Deutschland mit die höchsten der Welt, so dass obiger Zusammenhang nicht auf die Verbraucher-Ebene durchzuschlagen scheint. Auch das gerne verwendete Argument, dass der Ausbau der Erneuerbaren die Preise bestimmt zum Sinken bringt, erscheint aufgrund der momentanen Stromkosten-Rechnungen nicht nachvollziehbar.

6.9 Ausschreibungen, Auktionen, anzulegender Wert, Marktprämie

Das „Erneuerbare-Energien-Gesetz" (EEG) 2023 legt auf ziemlich komplizierte Weise fest, wie die Windmüller für ihre sehr unzuverlässige Produktion entlohnt werden. Basis sind die mehrmals im Jahr stattfindenden bundesweiten Ausschreibungen der Bundesnetzagentur, durch die mögliche Investoren zur Investition in neue WKAs gelockt werden sollen.

Zentralbegriff dabei ist der sogenannte „anzulegende Wert". Dieser gibt individuell für jede WKA an, was der Betreiber für die WKA im Betrieb als Mindest-Erlös für jede erzeugte MWh erhalten soll.

Pro Ausschreibung wird festgelegt:
* die Menge der im Rahmen dieser Ausschreibung neu zu installierenden Gesamt-Nennleistung,
* der maximal akzeptierte anzulegende Wert.

Dann erfolgt eine Auktion, wobei jeder Bieter, d.h. interessierter Investor anbietet:
* die von ihm geplante Installation,
* seinen gebotenen Anzulegenden Wert.

Bezuschlagt werden die Bieter mit dem günstigsten Gebot ihres anzulegenden Wertes.

Wenn diese bezuschlagten Bieter anfangen zu produzieren, müssen diese gewisse Vermarktungsmodelle befolgen, auf die wir hier nicht im Einzelnen eingehen können [29].

Üblich ist jedenfalls die sogenannte Direktvermarktung, bei der die Betreiber wie andere Stromanbieter auch am Strommarkt ihren Strom zu den jeweiligen Börsenpreisen anbieten.

Für den letztendlichen Erlös des WKA-Betreibers pro MWh gilt dann Folgendes:
- Wenn der aktuelle Börsenpreis höher als der bezuschlagte anzulegende Wert seiner Anlage ist, erhält er den Börsenpreis.
- Wenn der Börsenpreis unter dem anzulegenden Wert liegt, erhält er den anzulegenden Wert.

Der anzulegende Wert ist also immer der Mindest-Erlös des WKA-Betreibers, komme was da wolle. Auf die kleine „anzulegende Ausnahme" kommen wir gleich noch.

Die Differenz aus anzulegendem Wert und Börsenpreis heißt Marktprämie und wird dem Betreiber von demjenigen Übertragungsnetzbetreiber (ÜNB) überwiesen, dem er zugeordnet ist. Später werden alle ausgezahlten Marktprämien natürlich auf die Stromkunden umgelegt.

Um die vielen Regelungen zu bearbeiten, müssen die Ministerien und NGOs permanent mit neuen Mitarbeitern versorgt werden. Und darum noch eine weitere Regelung: die sogenannte 4-Stunden-Regel [30], die Folgendes besagt:

---

29   https://www.gesetze-im-internet.de/eeg_2014/BJNR106610014.html
30   www.next-kraftwerke.de/wissen/6-stunden-regel-4-stunden-regel

Gemäß § 51 Absatz 1 EEG 2021 verringert sich der anzulegende Wert auf null, wenn der Spotmarktpreis im Verlauf von vier Stunden oder mehr negativ ist. Tritt dieser Fall ein, erhalten betroffene Anlagen rückwirkend ab der ersten Stunde mit negativen Strompreisen keine Marktprämie mehr. Die Regel gilt für alle Neuanlagen mit wenigen Ausnahmen.

Nach den Daten von SMARD galt für die Börsenpreise in 2022 Folgendes:
- An .nsgesamt 69 Stunden des Jahres war der Börsenpreis negativ.
- Für insgesamt 49 Stunden wurde die 4-Stunden-Regel wirksam, d.h., die WKA-Betreiber erhielten in diesen 49 Stunden keine Marktprämie.
- Die 49 Stunden traten in 8 zusammenhängenden Zeitfenstern auf. Am intensivsten am 31.12.2022, wo nur für die beiden Stunden 08:00 und 17:00 ein nicht-negativer Börsenpreis auftrat. An diesem Tag wurde daher nur für diese beiden Stunden Marktprämie ausgezahlt.

Um nicht wie die konventionellen Kraftwerke, die ja teilweise wegen der Erhaltung der Netzstabilität weiterlaufen müssen, Strom zu Negativpreisen zu produzieren, brauchten die Windmüller in diesen 49 Stunden also nur ihre Flügel aus dem Wind zu drehen.

Natürlich gibt es im EEG auch wieder ein kleines Zuckerl, damit die armen Windmüller nicht allzu sehr unter diesen Regelungen leiden müssen: Nach § 51a verlängert sich der Förderzeitraum der entsprechenden Anlagen um die Zeiten, in denen die Anlagenbetreiber aufgrund von negativen Strompreisen in mindestens vier aufeinanderfolgenden Stunden keine Förderung erhalten haben.

Anlagenbetreiber können also nach Ende der 20-jährigen Förderung die Stromeinspeisung mit Förderung nachholen, um damit ihre Verluste zumindest teilweise auszugleichen [31].

Fazit 1: Für unseren „hochgeschätzten" Windmüller – nennen wir ihn „Flautus" – ist das EEG ein Rundum-Sorglos-Paket. Mit Marktwirtschaft und Wettbewerb hat das alles recht wenig zu tun.

Fazit 2: Trotz all dieser Leckerbissen litten die letzten Auktionen unter einem starken Unterangebot. Wie kommt das? Glauben die Investoren nicht mehr so recht, dass der Wind ihre Investitionen belohnt?

D.h., die Bundesregierung muss einen Ausweg finden, z.B. in Zukunft durch höhere zugelassene Gebotswerte in den Auktionen, was die Sorgen der Windmüller wieder ausgleicht und den Verbraucher durch höhere Strompreise erfreut, denn nebenbei bemerkt ist auch die sogenannte Strompreisbremse Augenwischerei, der Ausgleich wird sicherlich aus dem Steuersäckel bezahlt.

---

31   www.next-kraftwerke.de/wissen/6-stunden-regel-4-stunden-regel

7. Klima-Neutralität in Deutschland: Überblick über die Ausbau-Ziele der Bundesregierung und diverser Forschungs-Institute

7.1 Überblick

In der aktuellen politischen Diskussion in Deutschland spielt das Thema „Klimawandel" die entscheidende Rolle. Nach beinahe einhelliger Meinung fast aller politischer Akteure haben sich alle Handlungen der Politik an diesem Thema auszurichten. Konkret werden Gesetze erlassen, die tief in das Leben und die Existenz der Bürger eingreifen, wie die Infragestellung von individueller Mobilität und sogar von selbstbestimmten Wohnmöglichkeiten.

Nicht nur die neuen Gesetze zur Energiewende sprießen momentan aus dem Boden. Auch von einer großen Anzahl von gutbezahlten Instituten, Lobby-Verbänden und NGOs gibt es eine Fülle von Ideen und Forderungen, was jetzt zu tun sei. Die Ideen scheinen zum Teil weit von jeder Realisierbarkeit entfernt, die Diktion ist manchmal atemberaubend. Einige sprechen von den größten Veränderungen, die Deutschland je erlebt hat. Wir finden eine solche Sprache eher erschreckend und fühlen uns an Zeiten erinnert, die diesem Land gar nicht gutgetan haben.

Einige gleiten sogar in Gewaltausübung ab („Letzte Generation") und sind dabei, einen menschenverachtenden Öko-Terrorismus einzuführen. Das Schlimme ist, dass es in den Institutionen, die so etwas eigentlich verhindern sollten, auch noch wohlmeinende Fürsprecher solcher Akteure zu geben scheint.

Es entsteht der Eindruck, dass die meisten dieser Planungen im Wesentlichen bar jeder realistischen Abschätzung der Folgen und Kosten sind, wie wir in den anschließenden Kapiteln anhand konkreter Berechnungen zeigen werden. Wir überlassen dem Leser die Einschätzung, ob dies aus grenzenloser Naivität der herrschenden Politiker und Interessenvertreter oder aus absichtlicher Boshaftigkeit bzw. Fanatismus entsteht.

Hauptziele der „Energiewende":

- Um das Klima zu „retten" und dabei auch noch eine weltweite Vorbildfunktion auszuüben, soll Deutschland bis 2045 komplett aus der fossilen Energieerzeugung aussteigen. Dabei hat Deutschland gerade mal einen Anteil am weltweiten CO_2-Ausstoß von 2%.
- Dabei soll nicht nur die gesamte Stromerzeugung von zurzeit etwa 500 TWh pro Jahr, sondern sogar der gesamte Primärenergie-Verbrauch von zurzeit etwa 2.700 TWh pro Jahr auf regenerative Stromerzeugung aus Wind und PV umgestellt werden. Andere Regenerative wie Biomasse und Laufwasser spielen dabei wegen fehlender Erweiterbarkeit keine wichtige Rolle. Das heißt, dass auch die Sektoren Gebäude, Industrie, Verkehr nicht mehr mit fossiler Energie, sondern nur noch mit Wind- und PV-Strom versorgt werden sollen.

Wir werden untersuchen, welche gigantischen Investitionen dazu beim Ausbau der regenerativen Erzeugungs-Anlagen und insbesondere auch der notwendigen Strom-Speicherung notwendig werden.

Weitere notwendige Investitionen in die Infrastruktur, Netzwerke,

Industrieprozesse, Mobilität, Heizung usw. analysieren wir hier gar nicht.

Was aus Politik und interessierten Lobby-Verbänden immer nur zu vernehmen ist, sind Jubelmeldungen über Teilaspekte, Kindergarten-Rechnungen, Forschungserfolge im Labormaßstab.

Wir begrüßen ausdrücklich jede Forschung und jeden technischen Fortschritt. Wir kritisieren aber das konsequente Fehlen jedweder realistischen Einordnung in eine zeitliche, technische, finanzielle Planungsstruktur. Dies kann unseres Erachtens nur in eine wahnsinnige Geldverschwendung mit einem krachenden Scheitern führen. Es ist ja jetzt schon bemerkenswert, dass niemand sonst auf der Welt Deutschland bei seiner Vorreiter-Hybris folgen will.

7.2   Szenario „2030"

Mit dem als „Osterpaket 2022" bezeichneten Vorhaben[32] hat der Bundestag eine Fülle von Gesetzes-Änderungen beschlossen mit dem Ziel, bis 2030 einen Anteil von 80 Prozent „Erneuerbarer Energien" an einem von 500 auf 800 Terawattstunden[33] gestiegenen Stromverbrauch (60% mehr) in Deutschland zu erreichen.

Der steigende Stromverbrauch resultiert z.B. aus dem verstärkten Einsatz von E-Mobilität und Wärmepumpen.

---

32   www.bundestag.de/dokumente/textarchiv/2022/kw27-de-energie-
     -902620
33   www.bundesregierung.de/breg-de/themen/klimaschutz/novelle-eeg-
     gesetz-2023-2023972

Unter anderem wurden Änderungen an folgenden Gesetzen vorgenommen:

- Erneuerbare-Energien-Gesetz (EEG),
- **Bundesnaturschutzgesetz** (BNatschG),
- Bundes-Immissionsschutzgesetzes (BImSchG)
- Energiewirtschaftsgesetz (EnWG),
- Bundesbedarfsplangesetz (BBPlG)
- Netzausbaubeschleunigungsgesetz Übertragungsnetz (NABEG).

Außerdem wurde das Windenergieflächenbedarfsgesetz (WindBG) neu eingeführt. Dieses besagt, dass mindestens 2% der Bundesfläche als Vorrangfläche für neue Wind-Anlagen auszuweisen sind. Momentan sind 0,8% der Bundesfläche dafür ausgewiesen. Zeitziele und Verteilung der Ausweisung auf die einzelnen Bundesländer sind noch in Klärung.

Auch das Windenergie-auf-See-Gesetz (WindSeeG) wurde neu beschlossen.

Die Errichtung und der Betrieb „Erneuerbarer Energie"-Anlagen wurden als **„Schutzgüter im überragenden öffentlichen Interesse"** eingestuft (§ 2 EEG 2023) und die Ausbauziele für Windenergie- und Photovoltaikanlagen erhöht.

Das Bundesministerium für Wirtschaft und Klimaschutz berichtet in einer Presse-Mitteilung vom 30.01.2023 [34]:

---

34 www.datev-magazin.de/nachrichten-steuern-recht/recht/kabinett-be-schliesst-beschleuniger-fuer-wind-und-netzausbau-94235

„Kabinett beschließt Beschleuniger für Wind- und Netzausbau – EU-**Notfallverordnung** wird umgesetzt – Verfahren werden noch mal schneller.“

Was soll man dazu noch sagen? Wenn der Wind- und Netzausbau einem Notfall entspringt, muss natürlich alles andere zurückstehen. Während früher jede Kröte und jeder Milan gerettet werden musste, koste es, was es wolle, zählt heute kein Einzeltier mehr, sondern allerhöchstens noch die Erhaltung der Art. Der Vogel-Schredder muss schließlich die Welt retten.

Was zählen noch Welt-Naturerbe wie die Insel Rügen (geplantes LNG-Terminal) oder etwa der Reinhardswald, vgl. Abbildungen 1 und 2. Es ist eine brutale Zerstörung der letzten Naturschönheiten eines übervölkerten Landes, um Wahnvorstellungen und Profitgier zu befriedigen.

Dass die 2% auszuweisende Bundesfläche ein Witz sind, wenn die Ausbauziele wirklich erreicht werden sollen, haben wir schon weiter oben gezeigt. Da muss man schon mal an die Wälder rangehen und einige tausend Quadratkilometer Natur abholzen nach dem Motto:

Wir zerstören den Planeten, um ihn zu retten!

Das Szenario „Osterpaket 2022" beinhaltet folgende Ausbauziele, deren Konsequenzen wir in den folgenden Abschnitten weiter untersuchen werden. Die Werte für Wind und PV geben die installierten Leistungen in GW an, die Werte für den Bedarf den Jahres-Strom-Bedarf in TWh.

	Szenario "2030"			
	Wind Onshore Install. [GW]	Wind Offshore Install. [GW]	PV Install. [GW]	Jahres-Bedarf [TWh]
2022 nach SMARD	58	8	63	500
Gesetzlich festgelegter Ausbau bis 2030	115	30	215	800
Ausbaufaktor	1,98	3,75	3,41	1,60
Unterstellter Wirkungsgradfaktor	1,20	1,20	1,20	
Ertragsfaktor	2,38	4,50	4,10	

Abbildung 41: Ausbau gemäß Szenario „2030"

Konsistenz-Prüfung:

Aufbauend auf den Produktions-Daten von 2022 aus Abbildung 10 würde mit den Ertragsfaktoren von Abbildung 41 in 2030 eine Jahres-Produktion von Wind und PV in Höhe von 582 TWH realistisch sein:

Jahres-Produktion Wind Onshore (2022) * 2,38 +
Jahres-Produktion Wind Offshore (2022) * 4,50 +
Jahres-Produktion PV (2022) * 4,10

= 101*2,38 + 25*4,50 + 56*4,10 TWH
= 582 TWH

Bei Hinzunahme von Biomasse und Laufwasser käme man maximal auf knapp 640 TWh regenerative Strom-Produktion, das entspräche den im Gesetz vorgegebenen 80% von 800 TWh. Dabei wird allerdings eine Erhöhung des Wirkungsgrades um 20% unterstellt.

Auch die laut EEG 2023 §4a für 2030 vorgesehene regenerative Strom-Erzeugung von 600 TWh erscheint unter diesen Prämissen realistisch.

7.3   Szenario „2045"

In den letzten zwei Jahren sind eine Menge neuer Klima-Gesetze und die entsprechenden Anpassungen bestehender Gesetze nur so auf die Menschen dieses Landes hereingeprasselt.

Als Ziel wird immer angegeben, den Ausbau der Erneuerbaren Wind und PV zu beschleunigen, bürokratische Hemmnisse abzubauen und Blockaden zu beseitigen. Letzteres ist wohl eine Umschreibung dafür, Natur und Umwelt schneller zerstören zu können als bisher.

Mit dem Geänderten Klimaschutzgesetz von 2021[35] und dem Erneuerbare-Energien-Gesetz EEG 2023[36] wird explizit vorgeschrieben, dass Deutschland bis 2045 **Treibhausgasneutralität** erreichen soll. Dies bedeutet unter anderem:

- Es sollen keinerlei fossile Energieträger mehr eingesetzt werden.
- Zur Energieerzeugung sollen nur noch Wind, PV und grüner Wasserstoff verwendet werden, der wiederum nur mit Wind und PV entweder heimisch erzeugt oder importiert wird. Biomasse und Laufwasser sind weiterhin einsetzbar, aber spielen mengenmäßig keine große Rolle und sind auch nicht ausbaubar.
- Falls Treibhausgas-Emissionen irgendwo noch entstehen, müssen diese anderswo in Deutschland durch Absorption wieder kompensiert werden.
- Alle Energieverbrauchs-Sektoren Industrie, Mobilität, Gebäude müssen auf die Erneuerbaren umgestellt werden.

---

35   www.bundesregierung.de/breg-de/themen/klimaschutz/klimaschutz-gesetz-2021-1913672
36   www.gesetze-im-internet.de/eeg_2014/BJNR106610014.html

Schon vor 2045, nämlich spätestens bis 2038, soll das letzte Kohle-kraftwerk in Deutschland stillgelegt [37] werden. Danach ist Strom-erzeugung in Deutschland fossil höchstens noch mit Erdgas bis spätestens 2045 möglich.

Szenario "Klimaneutralität 2045"			
Wind Onshore Install. [GW]	Wind Offshore Install. [GW]	PV Install. [GW]	Jahres-Bedarf [TWh]
2022 nach SMARD			
58	8	63	500
Gesetzlich festgelegter Ausbau bis 2040			
160	70	400	1100*
Ausbaufaktor			
2,76	8,75	6,35	2,2*
Unterstellter Wirkungsgradfaktor			
1,20	1,20	1,20	
Ertragsfaktor			
3,31	10,50	7,62	

Der künftige Wert für Wind offshore soll gelten für das Jahr 2045.
* Für den Ausbau des Jahres-Bedarfes werden in den zitierten Gesetzen keine Vorgaben gemacht. Dies ist eine Schätzung, siehe im Text weiter unten.

Abbildung 42: Ausbau gemäß Szenario „Klimaneutralität 2045"

Das EEG 2023 und das Windenergie-auf-See-Gesetz[38] sehen die in Abbildung 42 dargestellten Ausbauziele bis 2040 bzw. 2045 vor.

Die Gesetze machen keine Vorgaben zum dann anzunehmenden Jahres-Bedarf. Dieser künftige Bedarf wird tendenziell einerseits erheblich ansteigen durch die geplante De-Carbonisierung aller Sektoren und andererseits vielleicht reduziert werden durch Ein-sparungen und Effizienzverbesserungen. Es erscheint zumindest fragwürdig, ob die geplanten Ausbauten ausreichen werden, um auch alle De-Carbonisierungs-Ziele zu erreichen, ohne dass ein erheblicher Strom-Import notwendig wird.

---

37 www.bundesregierung.de/breg-de/themen/klimaschutz/kohleaus-stieg-1664496
38 www.bundesregierung.de/breg-de/themen/klimaschutz/windenergie-auf-see-gesetz-2022968

In unserer Modellierung setzen wir einen „Hypothetischen Bedarf 2045" an, der sich aus der Strom-Produktion des Jahres 2022 von Wind und PV gemäß Abbildungen 9 und 10 durch Multiplikation mit den Ertragsfaktoren ergibt:

Jahres-Produktion Wind Onshore (2022) * 3,31 +
Jahres-Produktion Wind Offshore (2022) * 10,50 +
Jahres-Produktion PV (2022) * 7,62

= 101*3,31 + 25*10,50 + 56*7,62 TWH
= 1024 TWH

Durch Inklusion der Jahres-Produktion von Biomasse und Laufwasser setzen wir pauschal an:

Hypothetischer Bedarf 2040 = 1100 TWh. Dies würde einen Ausbaufaktor beim Bedarf von 1100/500 = 2,2 ergeben.

In unseren Modellierungen können jederzeit auch andere Bedarfs-Werte untersucht werden.

7.4   Szenarien „Big 5"

Unter dem Sammel-Titel „Big 5" wird eine Fülle von Analysen und Vorhersagemodelle von 5 führenden und regierungsnahen Instituten angeboten. Sie lassen nichts unversucht, Szenarien zur Erreichung der „Klima-Neutralität 2045" zu entwickeln, auch wenn diese aus technisch-naturwissenschaftlichen, wirtschaftlichen und geographischen Gründen nur reine Phantasiegebilde sind. Von Umwelt- und Natur- und auch Menschenschutz ganz zu schweigen. Auf diese Analysen wird zusammenfassend in einer Darstellung des Prognos-Institutes eingegangen[39].

Zwar führen diese Studien aus, dass die Forderung der „Klimaneutralität 2045" zu mindestens einer Verdoppelung des Strombedarfs (teilweise wird sogar eine Verdreifachung angenommen) und zu einer Vervielfachung der Wind- und PV-Stromerzeugung in Deutschland um Faktoren zwischen 5 bis 10 (je nach Modell) führen muss, auf die sich dadurch verstärkende Volatilität der Stromgenerierung und die dadurch verschärfte Stromlücken-Problematik gehen die Studien jedoch nur sehr pauschal ein.

Um einmal eines der Big 5-Szenarien durchzurechnen, betrachten wir das extreme Agora-Szenario aus der Prognos-Arbeit S. 17. Dort werden folgende Steigerungen der Strom-Erzeugung, nicht der installierten Leistung, angenommen:

Szenario "SKN-Agora-KNDE2045" aus Prognos AG, Klimaneutralitätsszenarien			
	Wind Onshore Erzeugung [TWh]	Wind Offshore Erzeugung [TWh]	PV Erzeugung [TWh]	Jahres-Bedarf [TWh]
2022 nach SMARD	101	25	56	500
Ausbau bis 2045 nach Szenario	582	360	473	1487
Ausbaufaktor	5,76	14,40	8,45	2,97

Abbildung 43: Ausbau gemäß Szenario „SKN-Agora-KNDE2045"

Die in den Szenarien angegebenen Größenordnungen von angeblich ausreichenden Speicherkapazitäten widersprechen allesamt den Modellierungs-Ergebnissen zur Glättungsspeicherung, die wir in dieser Arbeit vorführen werden. Aus fakten-basierter Sicht

---

39   Prognos AG: Vergleich der „Big 5"- Klimaneutralitätsszenarien, 16.03.2022

sind die genannten Studien der „Big 5" daher eher als Wunschdenken zu bezeichnen.

Wenn die Autoren allerdings in jedem zweiten Absatz betonen, dass es sich bei dem Vorhaben „Klimaneutralität 2045" um die bisher größte technisch-wirtschaftliche Herausforderung in der Geschichte unseres Landes handelt, dann fordern sie nichts weiter, als die naturwissenschaftlichen Gesetze dieses Planeten aufzuheben. Es nimmt nicht wunder, dass viele Menschen sich an eine solche Diktion unlieb erinnern.

Die drei noch konkretesten Vorschläge der „Big 5"-Studien zur Behandlung der Volatilitäts-Problematik laufen auf Folgendes hinaus:

1. Anpassung des Bedarfs an das volatile Angebot durch Lastreduktion bzw. Lastverschiebung.
    Der dafür von vielen Energiewendern benutzte Begriff „Spitzenglättung" ist irreführend. Gemeint ist „Lastabwurf" bei Unterproduktion, also Abschaltung von Verbrauchern.
2. Verwendung des regenerativen Überangebotes zur Wasserstoff-Elektrolyse.
3. Für eine Übergangszeit den Ausgleich der Unterproduktion durch den Einsatz zusätzlicher Gas-Kraftwerke mit importiertem fossilem (!) Erdgas.

Ad 1: „Spitzenglättung"

Dies bezieht sich z.B. auf die Reduzierung der bei einem privaten Verbraucher für das Laden seines E-Autos und den Betrieb seiner Wärmepumpe verfügbaren Leistung. An einem entsprechenden

Konzept wird nach einem Bericht von Welt-Online vom 17.12.2022 aktuell von der Bundesnetzagentur gearbeitet.

Zur Lastreduktion gab es bis zum Juli 2022 noch eine „Verordnung über abschaltbare Lasten", die es den Netzbetreibern ermöglichte, in gemeinsamer Abstimmung mit Großverbrauchern deren Lasten zeitweise zu reduzieren. Seit dem Auslaufen dieser Vereinbarungen drohen im Notfall unvereinbarte regionale Lastabwürfe (sog. „Brown-outs") oder im Extremfall landesweite Black-outs [40].

Ad 2: Die Idee der Wasserstoff-Elektrolyse

Dieser Ansatz ist vom Prinzip her die Erzeugung von „grünem" Wasserstoff aus überschüssigem EE-Strom und seine Einleitung und Speicherung im vorhandenen Gasnetz. Es wird allerdings von den „Big 5" nicht konkreter ausgeführt oder modelliert, ob dieser Wasserstoff anschließend als Glättungsspeicher zur Behebung der Strom-Unterproduktion eingesetzt werden soll. Es werden nur eine Reihe von Traumszenarien präsentiert, wie dieser Wasserstoff künftig in ganz neuen Technologie- und Produktionsprozessen in den 4 Sektoren eingesetzt werden „könnte".

Die in den „Big 5"-Untersuchungen angenommenen Dimensionierungen einer solchen Elektrolyse-Infrastruktur sind allerdings viel zu klein, um die Volatilitätsproblematik auch nur im Ansatz zu lösen.

Die Studien gehen von einer Speicherung des Wasserstoffs im vorhandenen Erdgas-Verteil- und Speichernetz aus. Die benötigte

---

40   https://www.gesetze-im-internet.de/ablav_2016/BJNR198400016.html

Dimensionierung der Elektrolyseure, um die Überangebote ohne übermäßige Abregelung abzunehmen, wäre nicht mit zu vertretendem Aufwand durchführbar, wie wir weiter unten zeigen werden.

Ad 3: Zusätzliche Gaskraftwerke

Zum dritten Vorschlag, mehr Gaskraftwerke zu bauen, entwerfen die Institute folgende Szenarien.

Das regenerative Unterangebot soll in den Jahren bis 2030 durch importiertes fossiles (!) Gas (z.B. mit Tankern herantransportiertes LNG, Liquified Natural Gas) ersetzt werden. Die sich dadurch wieder auftuende Gefahr der Importabhängigkeit wird erst gar nicht diskutiert. Die dafür benötigten zusätzlichen Gas-Kraftwerke sollen „H2 ready" gebaut werden. D.h., sie sollen, sobald genügend „grüner" Wasserstoff bereitsteht, mit möglichst geringem Umstellungsaufwand diesen Wasserstoff oder davon abgeleitete Produkte (Methan) verbrennen.

Bis 2045 soll als Gas dann nur noch „grüner Wasserstoff" (GH2) eingesetzt werden. Grüner Wasserstoff soll komplett aus Wind- und Solar-Strom hergestellt werde. Ob dies komplett in Deutschland oder teilweise im Ausland erfolgen soll, bleibt offen. Hinweise liefern vielleicht die aktuellen politischen Aktionen wie die Namibia-Reise des Bundeswirtschaftsministers vom Dezember 2022, über die in der Presse zum Teil euphorisch berichtet wurde, ohne auch nur im Geringsten auf die Dimensionen, die Kosten oder politische Abhängigkeiten zu reflektieren. Anscheinend geht es in diesen Planungen bzgl. künftiger GH2-Exporteure um die Umwandlung bisheriger „Naturflächen" in riesige Wind- und PV-Industriegebiete.

Es geht also um die Verschiffung des „grünen Wasserstoffs" in Form von flüssigem Ammoniak über 13.000 Kilometer Seeweg in dieselbetriebenen Großtankern nach Deutschland, dort Rückgewinnung des „grünen Wasserstoffs" aus dem Ammoniak und danach Weiterverwendung des Wasserstoffs in den vier Sektoren mit einem Gesamtwirkungsgrad, der wohlweislich nicht angegeben wird, aber deutlich unter 25 % liegen dürfte. Der CO_2-Ausstoß der Schiffs-Diesel ist dabei noch gar nicht berücksichtigt!

Das alles wird von der etablierten Presse wie immer frenetisch beklatscht. Die sich dabei erneut ergebenden Importabhängigkeiten gegenüber Staaten, die sich – vorsichtig ausgedrückt – politisch bisher noch nicht als zuverlässig beweisen konnten, werden wieder einmal komplett ausgeblendet, trotz aller bitteren aktuellen Erfahrungen. Hier zeigt sich die komplette Ignoranz und Arroganz, mit der man sich politisch langfristig gegen die Interessen Deutschlands stellt.

8. Die Methodik der numerischen Modellierung

Aufgabe:

Die Aufgabe der numerischen Modellierung ist die Entwicklung von Zukunftsprognosen zum Thema Energiewende im Hinblick auf technische und wirtschaftliche Konsequenzen und Machbarkeiten.

Grundlage sind jeweils politische Zielvorgaben, insbesondere anhand der Szenarien aus Kapitel 7.

Jedoch sollen alle Konsequenzen und Ergebnisse, ausgehend von den Zielvorgaben, alleine durch Berechnungen aufgrund von Zahlen, Daten und Fakten hergeleitet werden. Wunschvorstellungen dürfen bei der Herleitung von Ergebnissen keine Rolle spielen.

Methodik:

Die Methodik der numerischen Modellierung setzt auf den historischen Zeitreihen der vergangenen Jahre für Strom-Produktion und Strom-Bedarf auf, wie sie in den vorherigen Kapiteln präsentiert wurden. Diese werden je nach Szenario mit den entsprechenden Ausbaufaktoren bzw. Ertragsfaktoren multipliziert. Dies ergibt die prognostizierten zukünftigen Zeitreihen für Produktion und Bedarf, welche dann hinsichtlich technisch-wirtschaftlicher Konsequenzen untersucht werden.

Einschränkung:

Natürlich gibt es keine Gewissheit, dass die prognostizierten Zeitreihen die künftige Realität im Detail vorhersagen. Die Wetterentwicklung der nächsten Jahre kann niemand genau vorhersagen. Trotzdem lassen sich Schlussfolgerungen genereller Art ziehen, die mit einer gewissen Wahrscheinlichkeit eintreten werden.

Mögliche Erkenntnisse:

Insbesondere interessiert uns die Frage, wie die künftige Strom-Produktion an den künftigen Strom-Bedarf angepasst werden könnte. Zum einen untersuchen wir das Thema Glättungsspeicher und zum anderen das Thema Backup-Gaskraftwerke. Das Thema Bedarfs-Management, also die Anpassung des Bedarfes an die Produktion, untersuchen wir nicht.

Daten und Werkzeug:

Die verwendeten Daten sind, wie bereits mehrfach erwähnt, offizielle historische Daten, insbesondere des Jahres 2022 des Portals SMARD der Bundesnetzagentur. Die Berechnungen werden in Excel ausgeführt, die Ergebnisse mit Hilfe von Excel graphisch dargestellt.

9. Prognostizierte Zeitreihen ohne Backup-Kraftwerke und ohne Glättungsspeicher

9.1 Szenario „2030"

Unter den Aus- und Ertragsfaktoren dieses Szenarios zeigen die folgenden Abbildungen jeweils die Zeitreihen für die folgenden Tagessummen:

- das regenerative Angebot aus Wind Onshore, Wind Offshore, PV, Biomasse und Laufwasser,
- die entsprechende regenerative Produktion,
- den Strom-Bedarf,
- die Unterproduktion, auch Residuallast genannt,
- die Abregelung.

Die Basis der Zeitreihen sind die Daten der Bundesnetzagentur für das Jahr 2022.

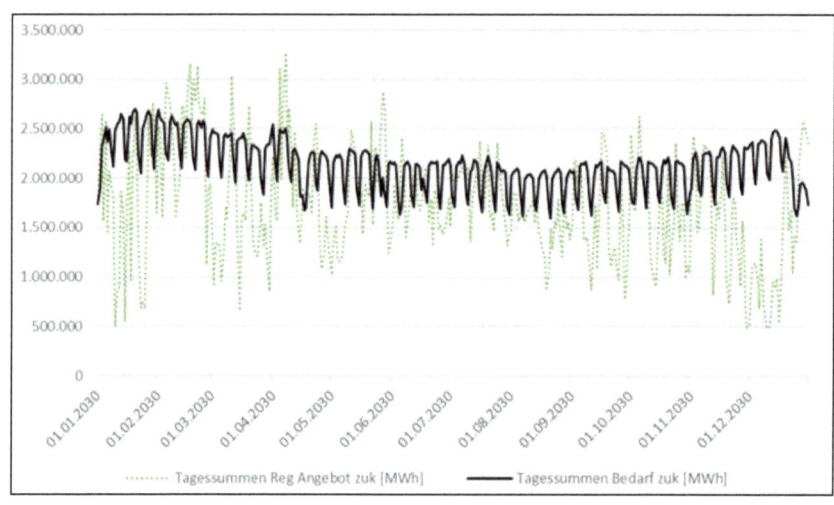

Abbildung 44: Szenario „2030“: Regeneratives Angebot und Bedarf

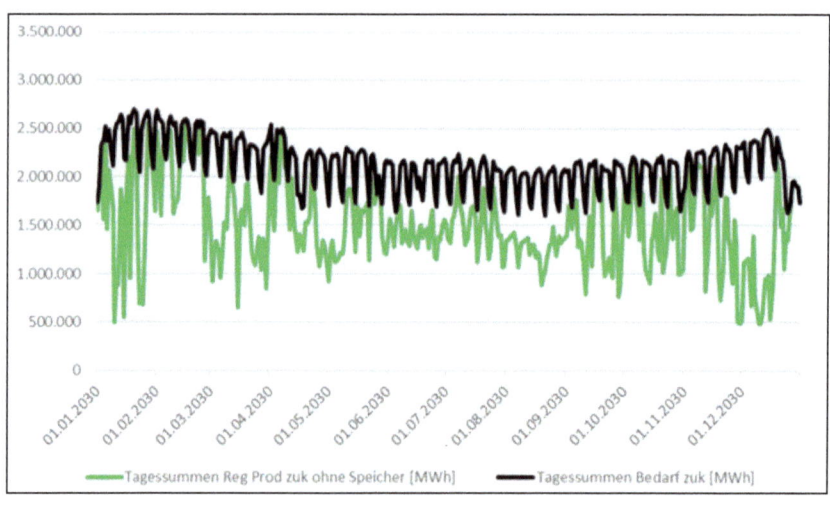

Abbildung 45: Szenario „2030“ ohne Backup-KW ohne Glättungs-Speicher:
Regenerative Produktion mit Abregelung des Überangebotes

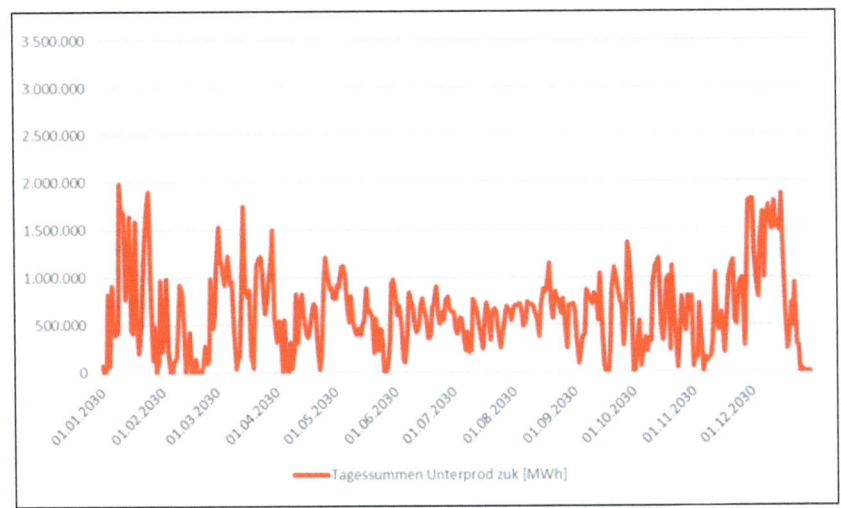

Abbildung 46: Szenario „2030" ohne Backup-KW ohne Glättungs-Speicher:
Unterproduktion = Bedarf – (EE-Produktion)

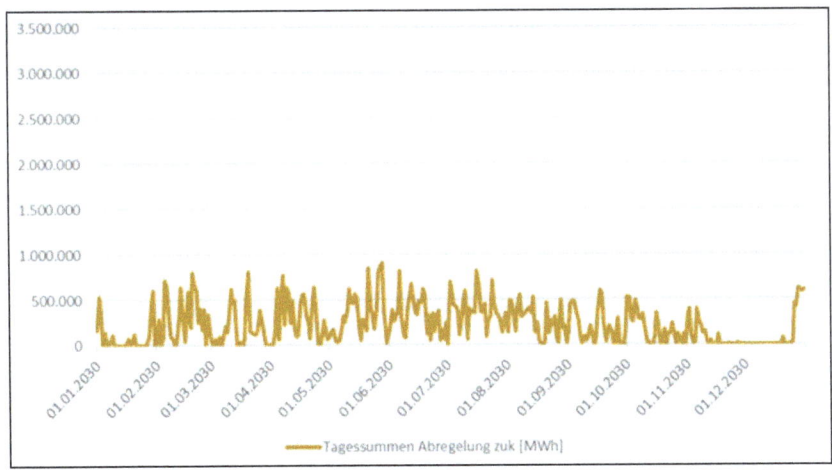

Abbildung 47: Szenario „2030" ohne Backup-KW ohne Glättungs-Speicher:
Abregelung = (EE-Angebot) – Bedarf

Erläuterungen:

Abbildung 44 zeigt, dass es trotz des Ausbaus der Regenerativen viele Zeiten mit Unterproduktion, aber auch Zeiten mit Überangebot gibt.

Die Überangebote können so groß werden, dass sie voraussichtlich nicht ins Ausland exportiert werden können. Denn da sich in Deutschland keine Verbraucher finden, wird es im Ausland vermutlich auch keine geben. Außerdem ist fraglich, ob die europäischen Netze solche Spitzen überhaupt aufnehmen könnten.

Wir gehen daher davon aus, dass in solchen Fällen das EE-Angebot soweit reduziert wird, dass man nur noch den realen Bedarf produziert: Abbildung 45. Die Reduktion des Angebotes erfolgt durch Abregelung der EE-Anlagen: Abbildung 47. Der Grad der Abregelung kann durchaus stundenweise einmal 57% (!) des Angebotes ausmachen, d.h. im Klartext: auch bei gutem Wind müssen dann viele WKA einfach stillstehen.

Ein Kochrezept nach Prof. Sinn, IFO-Institut, zur „Vermeidung" der Abregelung: Wenn das Ausland das Überangebot nicht abnehmen kann und wird, könnte der Verbraucher alternativ Tauchsieder in der Elbe installieren, die Kochplatten als Heizung einschalten, die Waschmaschine für jedes Wäscheteil einzeln laufen lassen[41].

---

41 www.manager-magazin.de/politik/deutschland/hans-werner-sinn-vom-ifo-institut-ueber-windenergie-und-energiewende-a-950237.html

Die erheblichen Unterproduktionen, Abbildung 46, können mit Sicherheit nicht durch Import ausgeglichen werden, da sie viel zu groß sind. Es treten Bedarfslücken von bis zu 2 TWh pro Tag auf. Zum Vergleich: der maximale Tages-Bedarf in 2022 lag bei etwa 1,6 TWh.

Das Szenario „2030" ist also, wenn überhaupt höchstens unter Einsatz von Backup-Kraftwerken oder Glättungsspeichern realisierbar.

9.2 Szenario „2045"

Die folgende Abbildung 48 zeigt den Verlauf des regenerativen Angebotes und des Bedarfs unter den Annahmen dieses Szenarios. Der Verlauf der Zeitreihen ist natürlich ähnlich dem Verlauf im „Szenario 2030", nur die Werte steigen weiter an. Wir verzichten daher auf die Darstellung der Produktion, der Unterproduktion und der Abregelung.

Es sei nur erwähnt, dass der Grad der Abregelung in diesem Szenario schon 68% ausmachen kann und die Unterproduktion bis zu 2,6 TWh pro Tag. Auch dieses – gesetzlich festgelegte (!) – Szenario ist natürlich ohne Einsatz von Glättungsspeichern oder Backup-Kraftwerken komplett illusorisch.

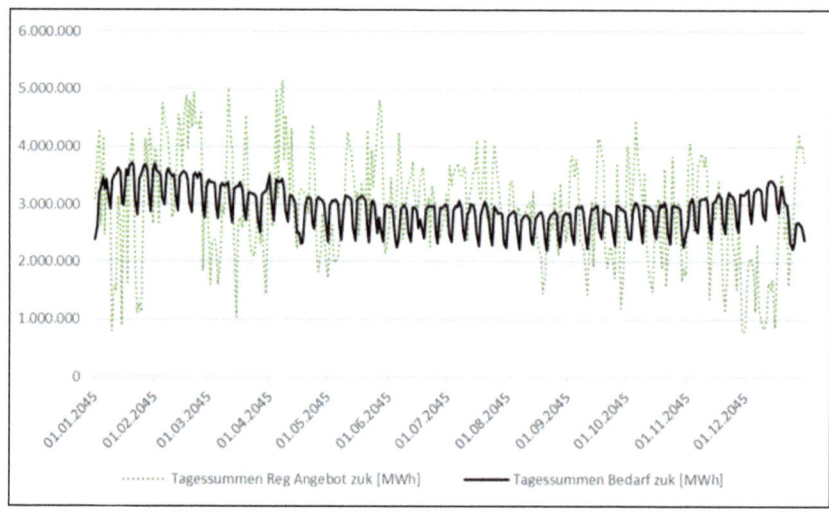

Abbildung 48: Szenario „2045": Regeneratives Angebot und Bedarf

9.3 Szenario aus „Big 5"

Die Vervielfachung der Zeitreihenwerte erfolgt gemäß Szenario „SKN-Agora-KNDE2045", Abbildung 43.

Die nächste Abbildung zeigt die modellierten künftigen Zeitreihen mit den vorgeschlagenen Vervielfachungen von (gerundet):

- EE-Angebot zukünftig = (Wind Onshore aktuell) * 5,8 + (Wind Offshore aktuell) * 14,4 + (PV aktuell) * 8,5

und

- Bedarf zukünftig = (Bedarf aktuell) * 3.

Die Produktionsdaten für Biomasse und Laufwasser werden unverändert zu heute übernommen.

Grundlage sind die historischen Daten der Bundesnetzagentur SMARD von 2022. Man erkennt, dass wegen der Volatilität der regenerativen Erzeugung die Ausschläge in der Angebotsmenge in MWh dramatisch sind. Fast immer herrscht Überangebot oder Unterproduktion. Das Überangebot (das ist die Differenz zwischen EE-Angebot und Bedarf) kann sogar größer sein als der Bedarf selbst. Man erkennt, dass die Unterproduktion trotz des enormen Zubaus der regenerativen Anlagen an vielen Tagen immer noch enorm ist. An manchen Tagen erreicht die regenerative Produktion nicht mal ein Viertel (!) des Bedarfes.

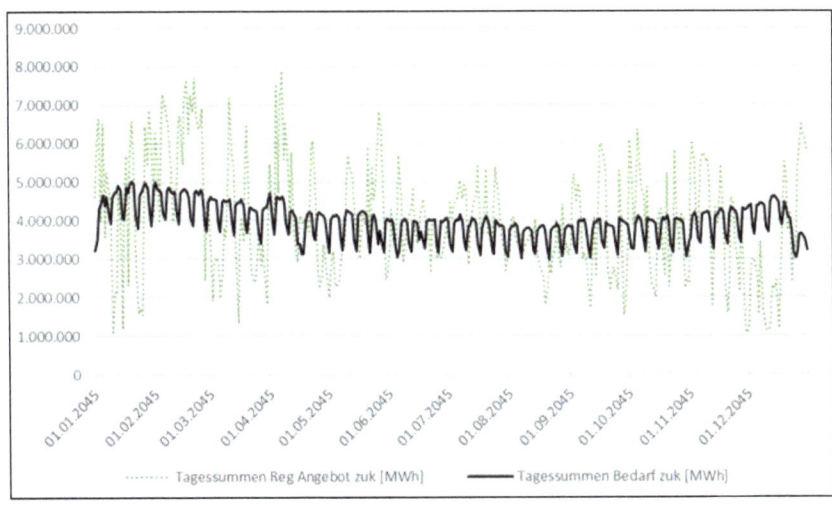

Abbildung 49: Tagessummen Regeneratives Angebot und Bedarf gemäß Szenario „SKN-Agora-KNDE2015"

10. Backup-Gaskraftwerke

10.1 Überblick

Im Kapitel 7.4 wurde unter dem Stichwort „Big 5" bereits erwähnt, dass von einigen Experten der Einsatz weiterer Backup-Gaskraftwerke zum Ausgleich der Unterproduktion von Wind und PV empfohlen wird.

Um die Konsequenzen dieses Vorschlags technisch-wirtschaftlich durchzurechnen, gehen wir in diesem Abschnitt aus von dem Szenario „SKN-Agora-KNDE2045", welches in den „Big 5"-Papieren vorgestellt wird, vgl. Abschnitt 7.4. Die Ausbauziele dieses Szenarios sind sehr hoch. Trotzdem wählen wir dieses Szenario für die Thematik Backup-Gaskraftwerke, um einmal die generelle Problematik dieser Vorschläge zu beleuchten.

Es kommt ja eher selten vor, dass auf Zahlen und Fakten basierende Implikationen solcher Vorschläge konsequent durchgerechnet werden.

Hier das Ergebnis vorweg:
Da bis 2038 nach den Kernkraftwerken auch alle Kohlekraftwerke vom Netz gehen sollen, müssten in den 14 Jahren bis dahin insgesamt ca. 550 (!) neue Gaskraftwerke der 300-MW-Klasse gebaut werden, bei der angenommenem Bedarfsverdreifachung durch Sektor-Koppelung. Das sind fast 40 neue Gaskraftwerke dieser Klasse jedes Jahr bis 2038. Wenn man dieses Ziel erst 2045 erreichen will (Klimaneutralität), hätte man pro Jahr mehr als 26 solcher Kraftwerke zu bauen.

Jeder weitere Kommentar dazu erübrigt sich da wohl.

Wir werden zeigen, dass wegen der extremen Volatilität der Regenerativen diese Kraftwerke im Durchschnitt extrem schlecht ausgelastet sind und im Stundentakt zwischen Leistung null und Leistung maximal gesteuert werden müssten. Bei der extrem schlechten Auslastung ergibt sich die Frage, wer das eigentlich investieren soll, bzw. was die Strom-Gestehungskosten solcher Anlagen wären, die ja letztendlich wohl auf die Verbraucher durchschlagen würden.

10.2 Zu installierende Leistung

Die zentrale Frage ist: Welche Leistung müsste man für diese zu bauenden Gaskraftwerke installieren? Wie viele solcher Kraftwerke bräuchte man?

Im Folgenden wird berechnet, welche Leistung gleich welcher Art von Gaskraftwerken – sei es fossil, sei es „grün" betrieben – bereitzustellen ist, um die künftige Unterproduktion unseres gewählten „Big 5"-Szenarios zu decken.

Wir nehmen den Ausbau der regenerativen Produktion und des Bedarfes gemäß Szenario „SKN-Agora-KNDE2045" aus der Abbildung 43 an. Da wir in diesem Abschnitt keinen Glättungsspeicher annehmen, gehen wir davon aus, dass das Überangebot der Regenerativen komplett abgeregelt werden muss. Wir unterstellen auch, dass von dem Überangebot praktisch nichts exportiert werden kann, weil es weder in Europa Verbraucher geben wird, die solche „Energie-Ausbrüche" verwenden können, noch die Übertragungsnetze zu einem solchen Transport fähig wären.

Strom-Import aus dem Ausland vernachlässigen wir ebenfalls, da die bei Unterproduktion der Regenerativen Wind und PV auftretenden Versorgungslücken viel größer als die Import-Möglichkeiten sind. Bei Unterproduktion der Regenerativen sollen daher Gaskraftwerke eingesetzt werden, die entweder fossil oder mit grünem Wasserstoff betrieben werden. Die Herkunft des Gases (importiert, wenn fossil – importiert oder hausgemacht, wenn grün) betrachten wir hier nicht. Auch die landeseigene Gasförderung ist aktuell zu gering, um eine Rolle zu spielen.

Wir modellieren die benötigte installierte Leistung dieser Gaskraftwerke, um die Bedarfsdeckung bei regenerativer Unterproduktion zu erzielen. Anschließend schätzen wir ab, welche Mengen an fossilem LNG bzw. grünem Wasserstoff man pro Jahr importieren müsste.

Abbildung 49 zeigt die Tagessummen des regenerativen Angebotes und des Bedarfes. Wegen fehlender Glättungsspeicher nehmen wir an, dass
- das regenerative Überangebot komplett abgeregelt wird und
- die regenerative Unterproduktion komplett von den Backup-Gaskraftwerken ausgeglichen wird.

Gaskraftwerke sind immerhin schnell auf- und abregelbar und können daher mit der verrückten Volatilität der Regenerativen vielleicht einigermaßen Schritt halten. Die Frage, wer uns eigentlich das dazu nötige Gas liefern soll, wollen wir hier nicht weiter tangieren.

Die folgende Abbildung 50 zeigt für alle Stunden des Jahres die jeweilige Unterproduktion der Regenerativen, mithin genau die jeweils benötigte Stunden-Produktion der Gaskraftwerke zum Ausgleich der Unterproduktion. Die im jeweiligen Stundenmittel benötigten Leistungen in MW sind numerisch gleich der jeweiligen Stunden-Produktion in MWh.

Man sieht, dass diese Leistungen im Maximum fast 193.000 MW = 193 GW erreichen können.

Apropos: 193 GW wären ungefähr die Leistung von 140 Kernkraftwerken (!).

Kostenschätzungen für neue Gaskraftwerke sind selten zu bekommen. Beispielsweise wird im Jahr 2018 von der Installation eines neuen Gas-Kraftwerkes mit Kraft-Wärmekoppelung in Leipzig berichtet [42]. Leistung 150 MW, Kosten 150 Millionen Euro, also 1 MW kostet 1 Million Euro.

Demnach würde ein Park von Backup-Gaskraftwerken mit 193 GW so etwa 193 Milliarden Euro Investition erfordern.

Eine etwas ältere Arbeit der Uni Stuttgart aus dem Jahr 2008 nennt eine Zahl von 480 EUR / kW, also knapp die Hälfte [43].

---

42   www.lvz.de/lokales/leipzig/leipzig-koppelt-sich-bei-fernwaerme-vom-kraftwerk-lippendorf-ab-6YNTTA2D5RAVHBIKWF4HCXR73A.html
43   www.ier.uni-stuttgart.de/publikationen/arbeitsberichte/downloads/Arbeitsbericht_04.pdf

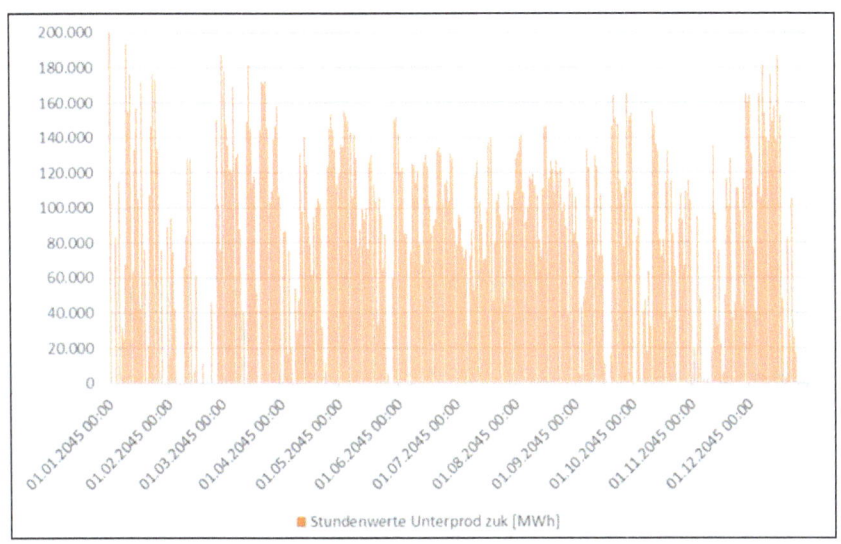

Abbildung 50: Szenario „SKN-Agora-KNDE2045" aus Big 5:
Stunden-Mittelwerte der benötigten Leistungen Backup-Gaskraftwerke [MW]

Da heute etwa 30 GW Gaskraftwerke installiert sind, müssten also weitere 163 GW zugebaut werden. Obendrein müssen alle Gaskraftwerke bis 2045 wegen der Klimaneutralität „H2-ready" sein. Da entsteht die Frage, ob die heute vorhandenen Kraftwerke überhaupt entsprechend ertüchtigt werden können oder ebenso komplett neu gebaut werden müssen.

Wenn die 193 GW zugebaut werden müssten, hätte man ca. 550 neue Gaskraftwerke der 300 MW Klasse. Bis 2038 müssten pro Jahr 40 neu in Betrieb gehen. Das wären 12 GW Leistung zusätzlich pro Jahr. Zum Vergleich: Im Jahre 2022 wurden zugebaut 1,9 GW Erdgaskapazitäten[44].

---

44   Agora Energiewende – Die Energiewende in Deutschland: Stand der Dinge 2022

In der Jahressumme würden ca. 318 TWh elektrischer Energie aus den Gaskraftwerken gebraucht, um die Unterproduktion der Regenerativen auszugleichen.

10.3 Auslastung

Die Backup-Gaskraftwerke könnten entsprechend ihrer installierten Leistung von 193 GW eine maximal mögliche Jahres-Produktion von ca. 193 GW * 8760 h = 1.690 TWh erzeugen.

Wenn wir als Jahres-Auslastung definieren den Quotienten aus der zu erzeugenden Energie zur Deckung der Unterproduktion und der maximal möglichen Jahresproduktion, erhalten wir:

Jahres-Auslastung = 318 TWh / 1.690 TWh = 18,8%.

Eine Investition mit 18,8% Auslastung erscheint sehr fragwürdig. Die Strom-Gestehungskosten (LCOE – Levelized Costs of Electricity)[45] dürften immens sein und die Verbraucherpreise weiter explodieren lassen, falls sich überhaupt dafür Investoren finden lassen.

Abschließende Frage: An wie vielen Stunden des Jahres müssen überhaupt irgendwelche Backup-Gaskraftwerke eingesetzt werden? Dazu folgende Zahlen, wieder basierend auf den historischen Daten von 2022 und auf dem oben genannten „Big 5"-Szenario:

---

45   www.ise.fraunhofer.de/de/veroeffentlichungen/studien/studie-strom-gestehungskosten-erneuerbare-energien.html

- An 4535 Stunden des Jahres findet Unterproduktion der Regenerativen statt, das sind 52% aller Stunden des Jahres. Nur in diesen Stunden müssen Teile der Backup-Kraftwerke in der jeweils nötigen Menge eingesetzt werden.
- In den restlichen 4.225 Stunden stehen alle Backup-Kraftwerke komplett still.

10.4 Benötigte Menge LNG

Im Jahr 2022 lag der Erdgasverbrauch in Deutschland bei ca. 89 Milliarden Kubikmetern. Davon wurden 4,8 Milliarden Kubikmeter in Deutschland gefördert, also knapp 5,4% [46]. Die deutsche Förderung ist seit Jahren rückläufig. Die Gas-Importe stammen nach dem russischen Import-Stopp zurzeit hauptsächlich aus Norwegen und den Niederlanden.

Dabei lagern in Deutschland erschließbare Vorkommen von geschätzt 2,7 Billionen Kubikmetern [47].

Wenn der Ausbau der Gaskraftwerke wie oben beschrieben tatsächlich erfolgen sollte, müssen sicherlich gewaltige zusätzliche Mengen an LNG (Liquified Natural Gas) über Großtankschiffe herantransportiert werden. Dazu werden als mögliche Lieferanten die USA und arabische Länder genannt. In den USA wird Gas

---

46 www.bveg.de/die-branche/erdgas-und-erdoel-in-deutschland/erdgas-in-deutschland/
47 www.bveg.de/die-branche/erdgas-und-erdoel-in-deutschland/erdgas-reserven-in-deutschland/

vielfach durch Fracking gewonnen, eine Technik, die auch in Deutschland einsetzbar wäre, aber verboten ist [48].

Zu LNG-Importen folgende Umrechnungen und Abschätzungen:

1 Tonne LNG = 2,2 m³ = 13 MWh Heizenergie
1 m³ LNG = 0,45 Tonnen = 6 MWh Heizenergie

Bei geschätzten 40% Wirkungsgrad für die Umwandlungskette: Entladung aus dem Tankschiff, Re-Gasifizierung, Transport, Speicherung im Erdgasnetz, Umwandlung von Heizenergie in elektrische Energie:

1 Tonne LNG = 2,2 m³ = 5,2 MWh elektr. Energie
1 m³ LNG = 0,45 Tonnen = 2,4 MWh elektr. Energie
1 LNG-Großtanker: 250.000 m³ = 100.000 Tonnen [49].

Daraus folgt: Benötigte Gesamtmenge pro Jahr für 318 TWh:

318 TWh / 5,2 MWh pro Tonne = 61,2 Millionen Tonnen.

Benötigte Gesamtladungen pro Jahr ca. 612 Tankladungen. All diese Großtanker fahren mit „schmutzigem" Schweröl!

Angenommen, jeder Tanker braucht für einen Zyklus einen Monat: Beladen, Hinfahrt, Entladen, Rückfahrt, dann könnte ein Großtanker pro Jahr 12 Ladungen liefern. Dann müsste Deutsch-

---

48 www.bveg.de/die-branche/erdgas-und-erdoel-in-deutschland/fracking-in-deutschland/
49 de.wikipedia.org/wiki/Tanker

land eine Flotte von 612/12 = 51 Großtankern exklusiv für sich chartern.

Nach einer anderen Quelle gibt es zurzeit weltweit ca. 640 solcher LNG-Tanker mit einer Gesamtkapazität von 104 Millionen Kubikmetern[50]. Dann hätte jeder solcher LNG-Tanker im Schnitt eine Kapazität von 162.500 Kubikmeter.

Daraus folgt: Ein durchschnittlicher LNG-Tanker:

$$162.500 \text{ m}^3 = 73.000 \text{ Tonnen} = 374 \text{ GWh elektrische Energie.}$$

Für den Jahres-Bedarf von 318 TWh brächte man dann ca. 850 durchschnittliche Tankladungen und bei 12 Zyklen pro Tanker pro Jahr eine Flotte von 71 Tankern.

10.5 Benötigte Menge Wasserstoff

Wie bereits in Kapitel 7.3 dargelegt, wurde gesetzlich festgelegt, dass Deutschland bis 2045 Klimaneutralität erreichen muss. Für die Backup-Gaskraftwerke bedeutet dies: Erdgas kann ab 2045 nicht mehr verfeuert werden, sondern nur noch grüner, d.h. mit Wind und PV erzeugter Wasserstoff.

Obwohl wir weiter unten auch noch eine angedachte deutsche Wasserstoff-Wirtschaft modellieren werden, gehen wir hier einmal davon aus, dass dieser für die Backup-Gaskraftwerke weitestgehend importiert werden muss.

---

50 www.fluessiggas1.de/lng-tanker-die-wichtigsten-fakten-im-ueberblick

Wir lassen hier die Frage außen vor, wie dieser importierte Wasserstoff innerhalb Deutschlands in den vorhandenen Erdgasspeichern und -leitungen verteilt werden kann oder inwieweit Wasserstoff aus dem Ausland durch neu zu bauende Pipelines herantransportiert werden kann.

Nord Stream 1 und 2 lassen schön grüßen!

Zur Vereinfachung nehmen wir daher an, dass der Wasserstoff in flüssiger Form über Tankschiffe herantransportiert und über geeignete Terminals entladen wird.

Zu flüssigem Wasserstoff folgende Umrechnungen und Abschätzungen[51]:

1 Tonne LH2 = 14,1 m³ = 39,5 MWh Heizenergie,
1 m³ LH2 = 70,8 kg = 2,8 MWh Heizenergie.

Bei geschätzten 40% Wirkungsgrad für die Umwandlungskette: Entladung, Re-Gasifizierung, Transport, Speicherung im Erdgasnetz, Umwandlung von Heizenergie in elektrische Energie:

1 Tonne LH2= 14,1 m³ = 16 MWh Elektr. Energie,
1 m³ LH2= 70,8 kg = 1,1 MWh Elektr. Energie.

---

51   www.linde-gas.at/de/images/1007_rechnen_sie_mit_wasserstoff_V111_
     tcm550-169419.pdf

Neu zu entwickelnde Tanker-Typen sollen angeblich ab 2027 ein Fassungsvermögen von 37.500 Kubikmetern entsprechend 2.660 Tonnen flüssigem Wasserstoff bereitstellen [52][53].

Daraus folgt:
- Benötigte Gesamtmenge pro Jahr für 318 TWh = 318 TWh/16 MWh pro Tonne = 20 Millionen Tonnen bzw.
- benötigte Gesamtmenge pro Jahr für 318 TWh = 318 TWh/1,1 MWh pro m³ = 290 Millionen m³,
- benötigte Tankladungen pro Jahr = 290 Millionen m³/37.500 m³ = 7.730 Tankladungen pro Jahr.

Wir sind dann schon bei über 640 exklusiv für Deutschland fahrenden Tankschiffen, deren Bautyp vielleicht ab 2027 verfügbar ist.

Der Unterschied zu LNG ist, dass Wasserstoff pro Gewichtseinheit deutlich mehr Energiegehalt hat, aber pro Volumeneinheit deutlich weniger.

Man sieht an diesen Zahlen, dass der gerade so gehypte Traum vom grünen Wasserstoff eine weitgehende Luftnummer ist.

---

52   de.wikipedia.org/wiki/Wasserstofftanker
53   efahrer.chip.de/news/400000-h2-tankfuellungen-pro-schiff-jetzt-kommen-die-neuen-super-tanker_107979

11. Glättungsspeicher

11.1 Überblick

Im Abschnitt 10 wurde versucht, die durch die Volatilität von Wind und PV verursachte und unkontrollierbare Unterproduktion durch Backup-Gaskraftwerke auszugleichen – mit der Erkenntnis, dass die dazu nötige Dimensionierung an Neu-Installationen und Gas-Importen gewaltige Ausmaße annimmt.

In diesem Abschnitt wird untersucht, wie das ebenfalls durch die Volatilität auftretende Überangebot mit Hilfe von Energie-Speichern dazu verwendet werden kann, die Unterproduktion auszugleichen. Das heißt: Überangebot von Wind und PV wird nicht mehr wie bisher angenommen komplett abgeregelt, sondern soweit möglich temporär gespeichert.

Es sollen nicht alle Szenarien und alle möglichen Konfigurationen durchgerechnet werden, sondern anhand einiger Beispiele soll gezeigt werden, welche technisch-wirtschaftlichen Ansprüche solche Glättungsspeicher stellen würden.

Als Speichertechnologien kämen theoretisch infrage:

* Pumpspeicher-Kraftwerke mit angenommenem Gesamt-Wirkungsgrad 80%,
* Batteriespeicher mit angenommenem Gesamt-Wirkungsgrad 90%,
* Wasserstoff-Elektrolyse und Rückverstromung über Brennstoffzelle mit angenommenem Gesamt-Wirkungsgrad 25%.

Zu Pumpspeicher-Kraftwerken:
Wir werden anhand der Modellierungen zeigen, dass Speicher-Kapazitäten im Bereich von mehreren TWh nötig sind, um das Überangebot und die Unterproduktion von Wind und PV einigermaßen zu glätten. Wikipedia gibt für die in Deutschland installierten Pumpspeicher-Kraftwerke eine Gesamtleistung von 7 GW und für 2010 eine Gesamt-Kapazität von 40 GWh an [54].

Um in den TWh-Bereich zu kommen, müsste man die vorhandene Kapazität also mit einem Faktor von mehr als 25 multiplizieren: In Deutschland vollkommen illusorisch. Daher ziehen wir Pumpspeicher hier gar nicht weiter in Betracht.

Kleine Anekdote am Rande: Um mit Pumpspeicher-Technologie eine Energiemenge von 10 TWh zu speichern, müsste man 36,6 Mrd m³ Wasser 100 m hochheben. Diese Wassermenge entspricht ca. 86 % der Wassermenge des Bodensees.

Zur Wasserstoff-Elektrolyse:
Zu diesem Thema folgt weiter unten ein eigener Abschnitt.

In diesem Abschnitt werden wir daher nur mögliche Glättungsspeicher auf Batterie-Basis modellieren.

Nun wird allerdings eine solche Speicherstruktur in der Realität immer mindestens zwei Limits haben:
- ein Kapazitätslimit und
- ein Leistungsaufnahme-Limit.

---

54 de.wikipedia.org/wiki/Liste_von_Pumpspeicherkraftwerken

Um die Untersuchung zu vereinfachen, variieren wir in diesem Abschnitt nur verschiedene Kapazitätslimits. Aus den sich daraus ergebenden Modellierungen ergeben sich jeweils auch Anforderungen an die Leistungsaufnahme der Speicherstruktur, die wir dann bei der technisch-wirtschaftlichen Bewertung der Speicherstruktur mit einbeziehen. Wir nehmen zur Vereinfachung an, dass die maximale Anforderung der Leistungsaufnahme dem höchsten auftretenden Stundenwert des Überangebotes entspricht (obwohl es sein kann, dass dieser Wert vom Speicher wegen Überschreitung des Kapazitätslimits nicht akzeptiert wird und daher Abregelung erfolgt).

Das Kapazitätslimit ist in unserer Modellierung diejenige Energiemenge, die der Speicher zum Ausspeichern maximal zur Verfügung stellen kann. Das Kapazitätslimit ist in unserer Modellierung ein frei wählbarer Parameter. Bei vollem Speicher nehmen wir an, dass das Überangebot wieder abgeregelt wird. Wir werden den Einfluss verschiedener Kapazitätslimits auf die Abregelung und die Unterproduktion untersuchen und versuchen, Optima herauszufinden.

Die Modellierung erfolgt wieder anhand der historischen Zeitreihen auf Stundenbasis für regenerative Produktion aus Wind, PV, Biomasse, Laufwasser sowie des Bedarfes. Es werden wieder die zukünftigen Zeitreihen anhand der Zubauten aus den Szenarien modelliert.

Das Ein- und Ausspeichern wird folgendermaßen modelliert:

1. Falls in der Stunde x Überangebot auftritt, wird versucht, dieses nicht abzuregeln, sondern zu produzieren und abzuspeichern. In den Speicher selbst gelangt dabei nur die um

den Wirkungsgrad-Verlust reduzierte Energiemenge, weil nur diese reduzierte Energiemenge beim Ausspeichern wieder zur Verfügung steht, der Rest divergiert. Wird bei diesem Einspeichern das Kapazitätslimit überschritten, wird nur derjenige Teil des Überangebotes verwendet und produziert, der – nach Abzug des Wirkungsgradverlustes – noch in den Speicher hineinpasst, der Rest des Überangebotes wird abgeregelt. Dieser Prozessschritt liefert den Speicherinhalt der Stunde x+1.

2. Falls in der Stunde y Unterproduktion auftritt, wird versucht, diese Unterproduktion durch Speicherentnahme auszugleichen. Die Entnahme wird ohne Verlust modelliert, weil dieser Verlust bereits in Schritt 1 berücksichtigt wurde. Gibt der Speicher nicht genügend her oder ist er schon leer, kann die Unterproduktion nur zum Teil oder gar nicht reduziert werden. Es bleibt dann eine eventuell reduzierte Unterproduktion übrig. Dieser Prozessschritt liefert nach der Speicherentnahme den Speicherinhalt zur Stunde y+1.

Da wir die Zeitreihen immer über ein Kalenderjahr modellieren, nehmen wir als weiteren frei wählbaren Parameter den Speicherinhalt zu Beginn des Jahres hinzu, beispielsweise 50%.

Ein Glättungsspeicher ist ein Arbeitsspeicher, der permanent in die Strom-Produktion und den Strom-Verbrauch eingebunden ist. Er ist daher nicht zu verwechseln mit einem

- Netzstabilisierungsspeicher, der z.B. der Stabilisierung der Netzfrequenz oder dem Ausgleich von Netzengpässen dient[55],

---

55 www.next-kraftwerke.de/wissen/systemdienstleistungen

- Notfallspeicher, der zur Aufrechterhaltung der Energieversorgung bei einem Netzausfall (Blackout oder Ähnlichem) dient.

Wir werden in unseren Szenarien zeigen, dass für Glättungsspeicher benötigte Speicherkapazitäten von 10 TWh realistisch sind.

Vergleich mit Quellen im Internet:
Die Portale der Bundesnetzagentur und der Agora-Energiewende bieten keinerlei Modellierung einer Speicherstruktur an.

Das Portal stromdaten.info bietet eine sehr nützliche Simulation an und kommt bezüglich der Dimensionierung zu ähnlichen Ergebnissen, wie in dieser Arbeit beschrieben.

In der Arbeit „Storage requirements in a 100% renewable electricity system: extreme events and inter-annual variability" von Oliver Ruhnau, Staffan Qvist, 2022[56] betrachten die Autoren ebenfalls Speicherstrukturen zur Überwindung von Produktionsknappheit der EE. Dabei werden Zeitreihen mit einer Dauer von 35 Jahren betrachtet. Die Autoren zeigen, dass es nicht ausreicht, nur einzelne Dunkelflauten zu betrachten, sondern dass längere Aufeinanderfolgen von „Energiedürren" zu noch größeren Speicheranforderungen führen können. Es resultieren in Bezug auf die Stromproduktions- und Bedarfsgrößen Deutschlands Kapazitätsanforderungen von über 50 TWh.

Eine vergleichbare Berechnung findet sich auch in dem Artikel „Storage size estimation for volatile renewable power generation: an application of the Fokker-Planck equation"; Detlef Ahlborn &

---

56   iopscience.iop.org/article/10.1088/1748-9326/ac4dc8

Felix Ahlborn, The European Physical Journal Plus volume 138, Mai 2023.[57]

11.2 Szenario „2030"

In diesem Szenario erscheint der Einsatz von Glättungsspeichern wenig sinnvoll. Das liegt daran, dass laut Gesetzesvorgabe die Erneuerbaren hier nur einen Anteil von 80% an der Jahres-Strom-Produktion erbringen sollen. Wie in Abbildung 44 ersichtlich, machen in diesem Szenario die Überangebote daher auch nur einen kleinen Anteil im Vergleich zu den Unterproduktionen aus, so dass die weggespeicherten Überangebote nur einen kleinen Bruchteil der Unterproduktion ausgleichen könnten. Daher sind in diesem Szenario Backup-Kraftwerke zum Ausgleich der Unterproduktion das entscheidende Thema. Wir verfolgen dieses Szenario daher hier nicht weiter.

11.3 Szenario aus „Big 5"

Die Konfigurationen für dieses Szenario zeigen ein ähnliches Bild wie für das Szenario „2045". Wir verzichten daher auf eine eigene Darstellung.

---

57 link.springer.com/article/10.1140/epjp/s13360-023-04008-y

11.4 Szenario „2045"

Zur Erinnerung: der Wirkungsgrad wird als 90% angenommen (Batteriespeicher), der Füllstand zu Jahres-Beginn zu 50%. Die EE-Produktion ist die Differenz aus EE-Angebot und Abregelung. Die Abregelung ist der Teil des Überangebotes, der nicht weggespeichert werden kann.

Abbildung 51 zeigt noch einmal das EE-Angebot und den Bedarf (Wiederholung von Abb. 48). Wir modellieren verschiedene Konfigurationen des Glättungsspeichers.

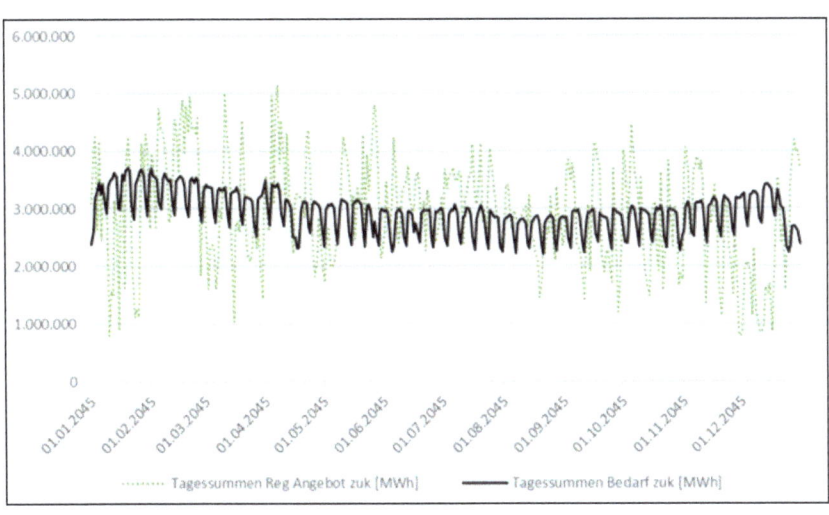

Abbildung 51: Szenario 2045: Regeneratives Angebot und Bedarf

Konfiguration 1: Kapazität 1 TWh.

Die folgenden Abbildungen zeigen nacheinander:
- die regenerative Produktion und den Bedarf,

- den Speicher-Füllstand,
- die Abregelung des EE-Angebotes,
- die Unterproduktion, die durch Backup-Gaskraftwerke oder Strom-Import auszugleichen ist.

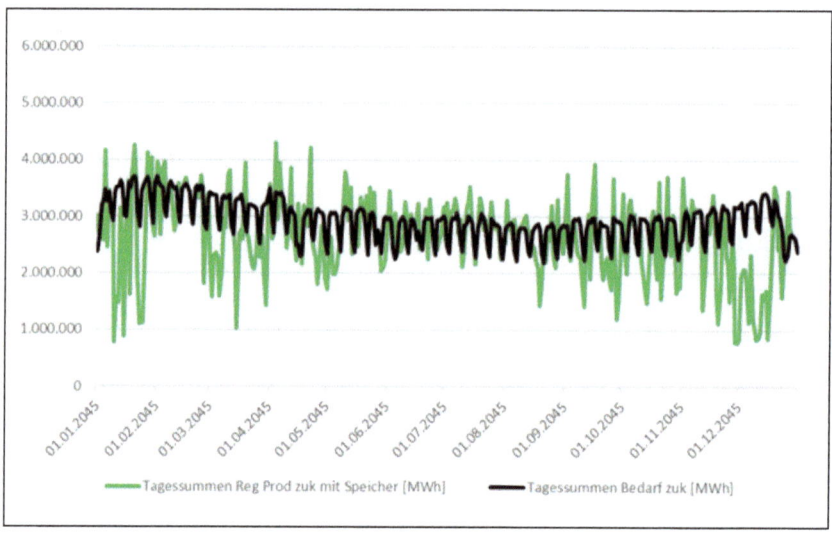

Abbildung 52: Szenario 2045, 1 TWh Batterie: Regenerative Produktion und Bedarf

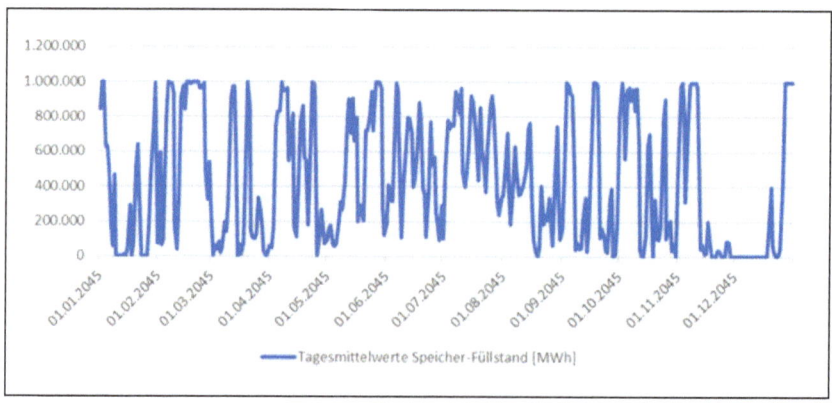

Abbildung 53: Szenario 2045, 1 TWh Batterie: Speicher-Füllstand

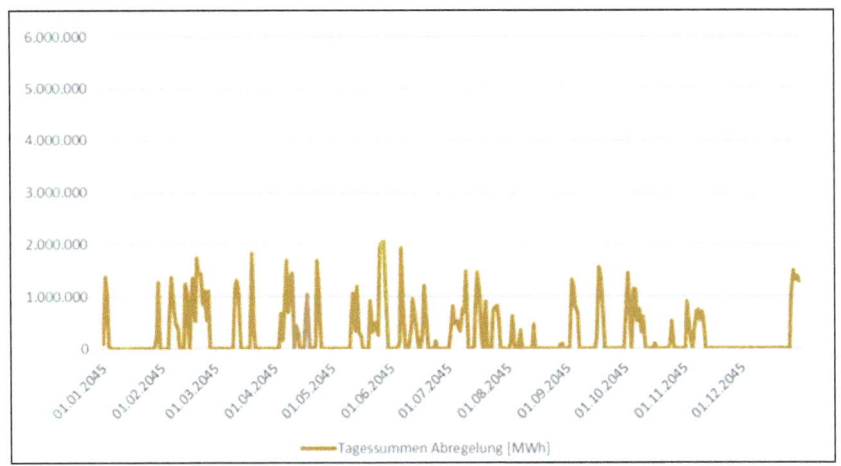

Abbildung 54: Szenario 2045, 1 TWh Batterie: Abregelung des EE-Angebotes

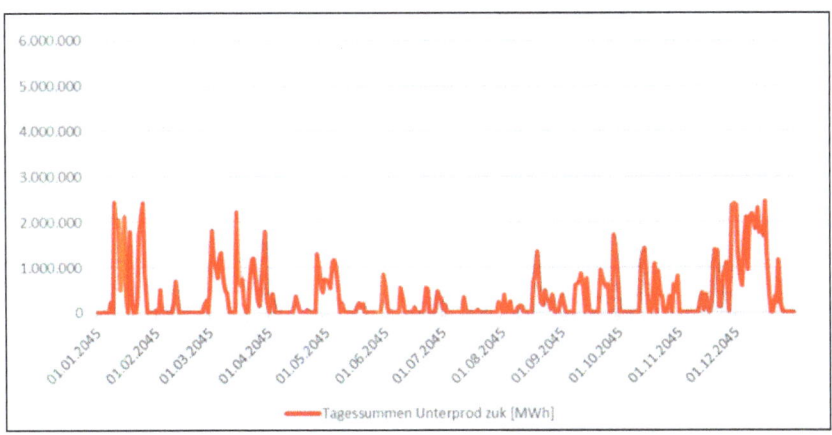

Abbildung 55: Szenario 2045, 1 TWh Batterie: Unterproduktion

Ergebnisse der Konfiguration 1:

Man beachte beim Speicher-Füllstand, dass zur besseren Lesbarkeit eine andere Skalierung der y-Achse gewählt wurde.

Der Speicher ist oft maximal gefüllt, so dass viel abgeregelt wird. Der Speicher ist auch oft leer, es bleibt viel Unterproduktion, die durch Backup-Kraftwerke oder Strom-Import ausgeglichen werden muss.

Fazit: Dieser Speicher ist zu klein.

Konfiguration 2: Kapazität 10 TWh.

Die folgenden Abbildungen zeigen wieder nacheinander:
- die regenerative Produktion und den Bedarf,
- den Speicher-Füllstand,
- die Abregelung des EE-Angebotes,
- die Unterproduktion, die durch Backup-Gaskraftwerke oder Strom-Import auszugleichen ist.

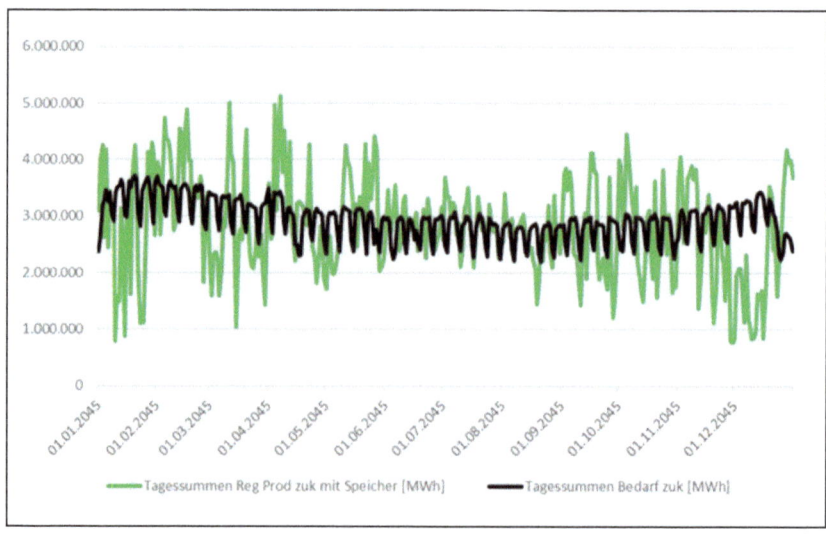

Abbildung 56: Szenario 2045, 10 TWh Batterie: Regenerative Produktion und Bedarf

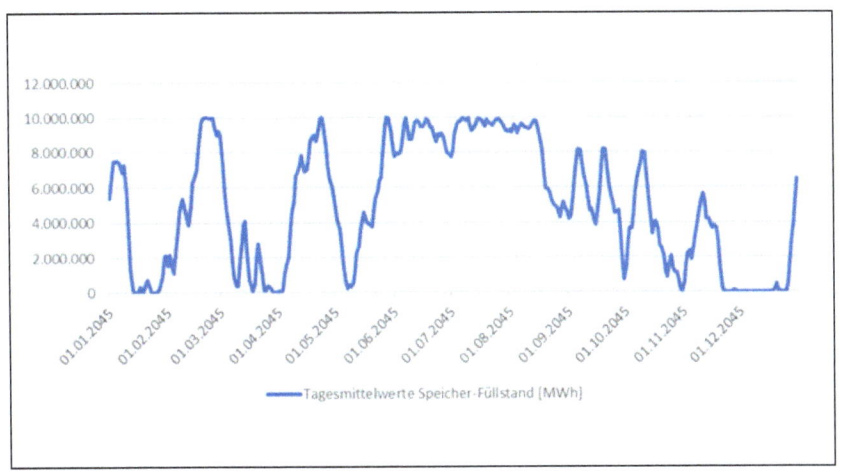

Abbildung 57: Szenario 2045, 10 TWh Batterie: Speicher-Füllstand

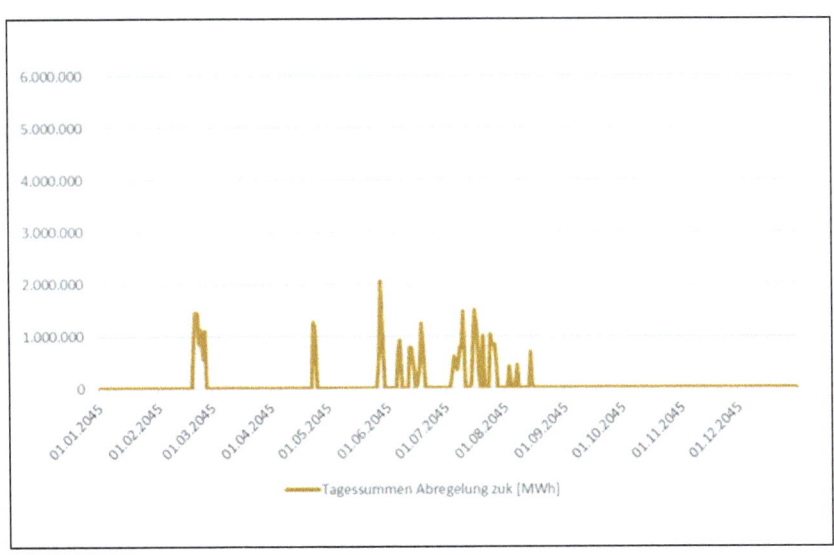

Abbildung 58: Szenario 2045, 10 TWh Batterie: Abregelung des EE-Angebotes

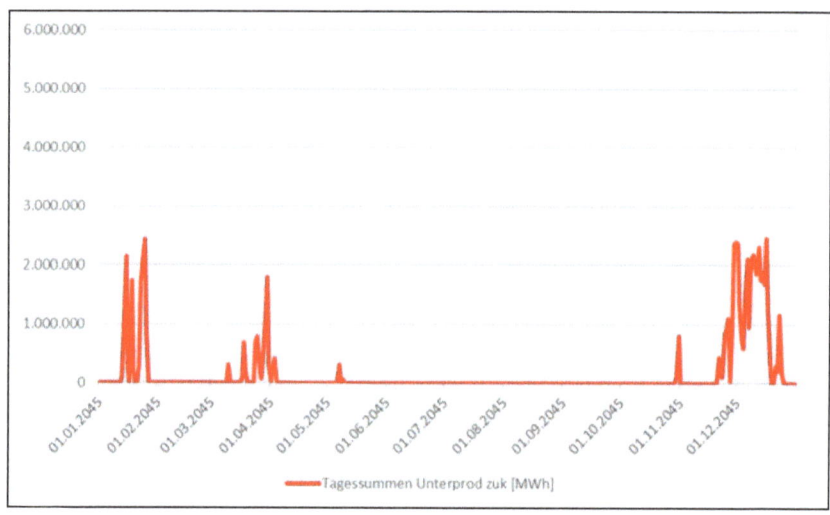

Abbildung 59: Szenario 2045, 10 TWh Batterie: Unterproduktion

Ergebnisse der Konfiguration 2:

Man sieht, dass auch in dieser Konfiguration der Speicher manchmal voll und manchmal leer ist. Abregelung und Unterproduktion sind kleiner als in Konfiguration 1.

Dennoch gibt es einige wenige Stunden, an denen erhebliche Unterproduktion auftritt (in der Leistung bis fast 140 GW), z.B. in der Dunkelflaute am Ende des Jahres. Es wären dann trotz des Glättungsspeichers immer noch über 400 Backup-Gaskraftwerke zum Ausgleich nötig.

Fazit: Im gesetzlich vorgegebenen Szenario „2045" mit Konfiguration 2 hätte man:
- einen großen Zubau von Wind und PV,
- einen großen Glättungsspeicher von 10 TWh,

- trotzdem einen gewaltigen Backup-Park von über 400 Gas-Kraftwerken, die fast immer stillstehen, aber ganz selten volle Leistung bringen müssen.

Konfiguration 3: Kapazität 70 TWh.

Die folgenden Abbildungen zeigen nacheinander:
- den Speicher-Füllstand,
- die Abregelung des EE-Angebotes,
- die Unterproduktion.

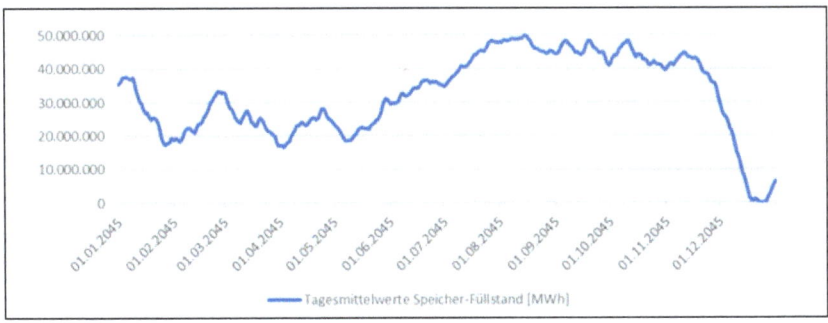

Abbildung 60: Szenario „2045", 70 TWh Batterie: Speicher-Füllstand

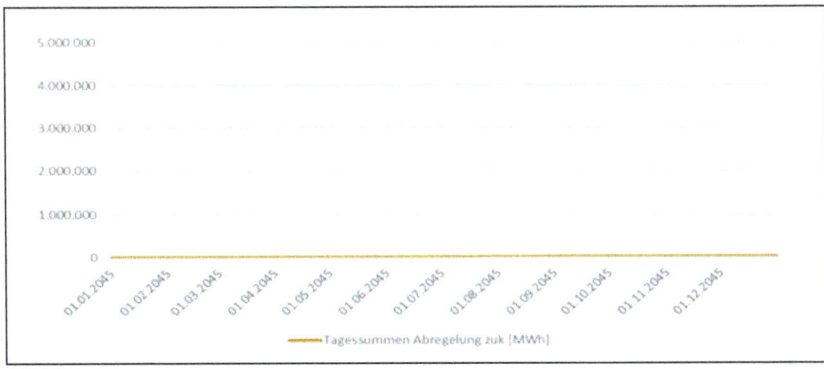

Abbildung 61: Szenario „2045", 70 TWh Batterie: Abregelung des EE-Angebotes

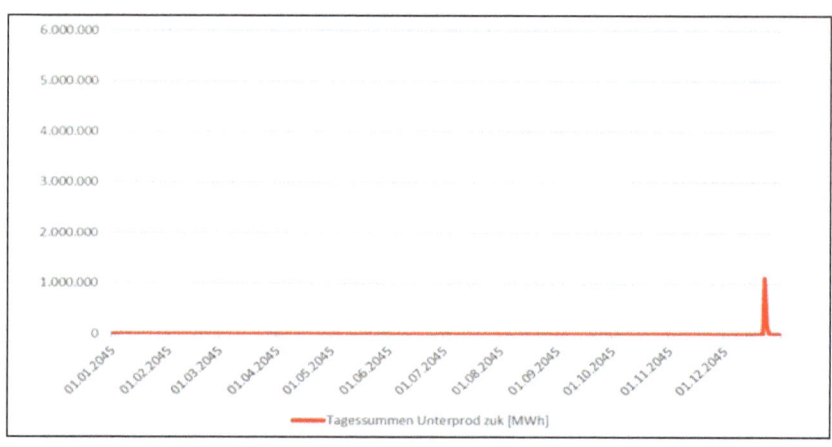

Abbildung 62: Szenario 2045, 70 TWh Batterie: Unterproduktion

Ergebnisse der Konfiguration 3:

Es findet keine Abregelung mehr statt. Der Speicher ist nie ganz gefüllt, daher zu groß. Trotzdem findet in der Dunkelflaute am Ende des Jahres Unterproduktion statt. Die benötigte Leistung dort beträgt bis zu 79 GW für wenige Stunden.

Die folgende Abbildung fasst verschiedene Konfigurationen zum Szenario „2045" mit Batterie-Glättungsspeicher zusammen. Die Leistungsanforderung an den Speicher ist immer die gleiche, weil das Überangebot als Differenz aus Angebot und Bedarf unabhängig von der Speicherkapazität ist.

Eine Speicherstruktur ab 10 TWh Kapazität scheint erforderlich, um Abregelung und Unterproduktion klein zu halten. Die maximal auftretende Unterproduktion und damit die notwendige Anzahl an Backup-Kraftwerken ist kaum zu reduzieren. Was sich reduzieren lässt, ist die Einsatzzeit dieser Kraftwerke. Natürlich müssen die technisch-wirtschaftlichen Implikationen von Speicherung, Backup-Kraftwerken, Import und Abregelung zu einer Gesamtbewertung abgewogen werden.

Fazit: Backup-Kraftwerke sind auch bei Glättungsspeichern immer nötig, doch stehen sie die meiste Zeit still.

Glättungsspeicher mit Batterie: Szenario "Klimaneutralität 2045"					
Konfiguration	Kapazität	Anteil Abregelung am Regen. Angebot (Jahressummen)	Anteil Regen. Unterprod am Bedarf (Jahressummen)	Leistungsanforderung an Glättungsspeicher = Maximales Regen. Überangebot pro Stunde [GWh]	Leistungsanforderung an Backup-KW = Maximale Regen. Unterprod pro Stunde [GWh]
1	1 TWh	10,48%	12,10%	225	142
2	10 TWh	3,20%	5,80%	225	137
	20 TWh	1,44%	3,75	225	137
3	70 TWh	0%	0,12%	225	79

Abbildung 63: Verschiedene Speicher-Konfigurationen

11.5   Dimensionierung von Batteriespeichern

Die Modellierungen in den vorherigen Unterabschnitten legen den Schluss nahe, dass eine Kapazität von 10 TWh sinnvoll wäre, um Abregelung und Unterproduktion einzugrenzen.

Die zurzeit leistungsstärkste Batterie der Welt steht in den USA und hat eine Spitzenleistung von 300 MW und eine Kapazität von 1.200 MWh[58]. Um die Kapazität von 10 TWh zu erzielen, müsste Deutschland über 8.300 solcher Batterien bauen.

---

58   www.ingenieur.de/technik/fachbereiche/energie/batterie-die-groessten-energiespeicher-der-welt/

Die zurzeit leistungsstärksten Batterien in Deutschland haben eine Kapazität von 67 MWh. Man bräuchte fast 150.000 solcher Batterien, Kosten 10 Billionen Euro.

Bei Lithium-Batterien werden für 1 kWh Kapazität jeweils 0,15 kg Kobalt und 0,15 kg Lithium-Karbonat benötigt. Für die Kapazität von 10 TWh benötigt man daher 1,5 Millionen Tonnen Kobalt und 1,5 Millionen Tonnen Lithium-Karbonat.

Die Preise für diese Rohstoffe sind sehr volatil. Am 03.11.2022 lagen die Preise für Lithium-Karbonat bei 577.000 CNY (entspricht ca. 81.000 USD) pro Tonne, für Kobalt bei 52.000 USD pro Tonne [59]. Für die benötigte Speicherkapazität benötigte man allein für die beiden Rohstoffkosten 200 Mrd. USD. Die Herstellungs- und Betriebskosten der gesamten Batterie-Struktur noch gar nicht betrachtet.

Übrigens werden die weltweiten Lithium-Vorräte auf ca. 20 Millionen Tonnen geschätzt[60], von denen Deutschland in diesem Fall allein schon 7,5% nur für die Batteriespeicherung seiner „Energiewende" beanspruchen würde. Allerdings finden sich im Internet unterschiedliche Angaben zu den bekannten Vorräten, die sich z.T. um den Faktor 4 unterscheiden.

Auch der Traum, in Deutschland, Elektroautos als „intelligente Stromspeicher" einzusetzen, bleibt auf Grund der Fakten ein Traum. Die durchschnittliche Speicher-Kapazität der E-Autos in Deutschland beträgt 60 kWh. Um 10 TWh Kapazität zu erreichen,

---

59 de.tradingeconomics.com/commodity/lithium
60 www.elektroniknet.de/power/die-laender-mit-den-groessten-lithium-vorraeten.190356.html

bräuchte man ca. **167 Millionen E-Autos (!).** Also müsste jeder der 82 Millionen Einwohner in Deutschland so ca. 2 E-Autos vor seiner Wohnungstür stehen haben.

In Thüringen ist kürzlich eine Lithium-Batterie in Betrieb gegangen, die aber i.W. nur zur kurzfristigen Netzstabilisierung eingesetzt wird (sog. Primär-Regelleistung, Reaktionszeit 200 ms). Diese hat eine Leistung von 60 MW und eine Kapazität von 67 MWh. Im Interview mit Benjamin Dausch (ab Minute 1:30) wird auch offen dargestellt, dass das System ein gutes Geschäft ist, denn die kurzfristige Regelleistung bringt sehr viel Geld ein.[61]

Der Platzbedarf einer solchen Anlage ist eindrucksvoll, siehe Abbildung 64.

Abbildung 64: Lithium-Batterie-Anlage

---

61 www.mdr.de/nachrichten/thueringen/west-thueringen/wartburgkreis/ strom-speicher-eisenach-energiewende-wartburg-100.html

Laut Interview mit Prof. Stelter in derselben Sequenz (ab Min. 14:30) kostet eine Natrium-Batterie (keine Lithium-Batterie) 300 EUR pro kWh. Bei 10 TWh wären das 3 Billionen EUR.

Zum Vergleich: Ende 2022 gab es in Deutschland Batteriespeicher vom Typ Heim-, Groß- und Gewerbespeicher mit einer Gesamt-kapazität von 5,9 GWh[62].

11.6 Fazit

Es besteht ein grundlegendes Dilemma zwischen den Bereichen Ausbau der Regenerativen Wind und PV, Dimensionierung des Glättungsspeichers, Dimensionierung der Backup-Kraftwerke, Abregelung, Strom-Importe. Der Versuch, einen oder mehrere dieser Bereiche zu optimieren, führt immer zu unrealistischen Ausmaßen in den anderen Bereichen.

Eine hohe Importquote bedeutet, abhängig vom Marktpreis, hohe Importkosten sowie wirtschaftliche Abhängigkeit. Eine hohe Ab-regel-Quote bedeutet, dass die vielen Anlagen u.U. die meiste Zeit nutzlos herumstehen („Windmühlen-Friedhof").

Speicher auf Basis Batterie würden in der Größenordnung 10 TWh liegen. Um einmal die Größenordnung zu verdeutlichen: Eine Speicher-Kapazität von 10 TWh würde bedeuten, dass ein gefüll-ter Speicher alleine bei komplettem Ausfall der Produktion (Dun-kelflaute) den aktuellen Bedarf nur 1 Woche lang decken könnte.

---

62   www.agora-energiewende.de/veroeffentlichungen/die-energiewende-in-deutschland-stand-der-dinge-2022/

Man kann aber daraus nicht schließen, dass dieser „Glättungsspeicher" auch als Notreserve-Speicher zur Überbrückung eines Blackouts hergenommen werden könnte. Denn der Glättungsspeicher könnte zum Zeitpunkt des Blackouts zufällig auch leer sein. D.h., man bräuchte neben dem Glättungsspeicher auch noch einen Notreserve-Speicher – also alles doppelt!

Bei einem erheblichen Ausbau der regenerativen Stromerzeugung mit dem Ziel eines weitgehenden oder sogar kompletten Verzichtes auf grundlastfähige Erzeugung entstehen viele Zeiten mit erheblichem Überangebot (Angebot – Bedarf) und weiterhin viele Zeiten mit Unterproduktion.

Ein Ausbau der EE ohne Speicherstruktur führt zu gravierenden Folgen:

• Vom Angebot kann immer nur der Anteil benutzt werden, der den Bedarf deckt. Zur Reduzierung der durch den Ausbau entstehenden erheblichen Überangebote können Exporte nur wenig beitragen. Der größte Teil des Überangebotes muss abgeregelt, d.h. gar nicht erst produziert werden.
• Die Abregelung führt dann dazu, dass an vielen Tagen trotz guter Windbedingungen die meisten WKAs stillstehen müssen, während einige andere in unmittelbarer Umgebung daneben vielleicht weiterlaufen dürfen. Und das gilt wohlgemerkt nicht nur an den wenigen „Sturmtagen", an denen alle Anlagen zu ihrem eigenen Schutz aus dem Wind gedreht werden müssen. Ein Phänomen, das auch schon gegenwärtig beobachtbar ist. Trotzdem erhalten alle Anlagenbetreiber die gleiche Vergütung (siehe „Ausfallarbeit" in Abschnitt 3), egal ob ihre Anlage läuft oder nicht.

- Bei Unterproduktion muss der Fehlbetrag zur Bedarfsdeckung importiert oder durch Backup-Kraftwerke erzeugt werden. Ob die benötigten Importmengen durch die Netze geleitet werden können, ist unklar. Die Börsenpreise sind jedenfalls immer dann besonders hoch, wenn Deutschland importieren muss. Und Backup-Kraftwerke stehen die meiste Zeit still.

Die nötige Kapazität für Glättungsspeicher liegt im Bereich von mehreren TWh und würde auf Batterie-Basis Investitionen im Billionen-Euro-Bereich erfordern.

Glättungsspeicher ersetzen nicht die Backup-Kraftwerke. Mit Glättungsspeichern kann man die Menge an LNG und die Menge an Abregelung reduzieren, aber kaum die Anzahl der Backup-Kraftwerke.

12. Die Farbenlehre des Wasserstoffs

Inzwischen gibt es schon eine ganze Farbpalette verschiedener Wasserstoff-Arten[63].

Das heißt, Wasserstoff ist jetzt zum ersten Male in der Evolution für das menschliche Auge sichtbar und sogar farblich unterscheidbar geworden (kleiner Scherz!). Funktioniert wohl so ähnlich wie das CO_2-Sehen bei der göttlichen Greta Thunberg. Der Wasserstoff kann jetzt außerdem aufgrund seiner Farbgebung jederzeit in mehr oder weniger gute Wasserstoffe unterschieden werden: Grüner Wasserstoff ist natürlich wie alles Grüne super gut, grauer Wasserstoff ist pfui.

Als farbloses Gas hat Wasserstoff natürlich selbst keine Farbe. Die Aufteilung in grünen, blauen, türkisen oder grauen Wasserstoff soll nur die Herstellungsarten unterscheiden[64].

Grüner Wasserstoff:

Man spaltet Wasser mithilfe von elektrischem Strom in seine molekularen Bestandteile auf: Wasserstoff und Sauerstoff durch die sogenannte **Elektrolyse.**

Wenn der dazu benötigte Strom aus erneuerbaren Energien kommt, gewinnt man klimaneutralen oder auch **grünen** Wasserstoff.

---

63 www.bmbf.de/bmbf/shareddocs/kurzmeldungen/de/wissenswertes-zu-gruenem-wasserstoff.htm
64 www.enbw.com/unternehmen/eco-journal/wasserstoff-farben.html

Die **Reinheit** von Wasserstoff wird in Maßzahlen angegeben. Dabei gibt die erste Zahl an, wie oft die Ziffer 9 im Prozentwert vorkommt. So entspricht Wasserstoff 3.0 einer Reinheit von 99,9 Prozent, Wasserstoff 5.0 hingegen weist eine Reinheit von 99,999 Prozent auf.

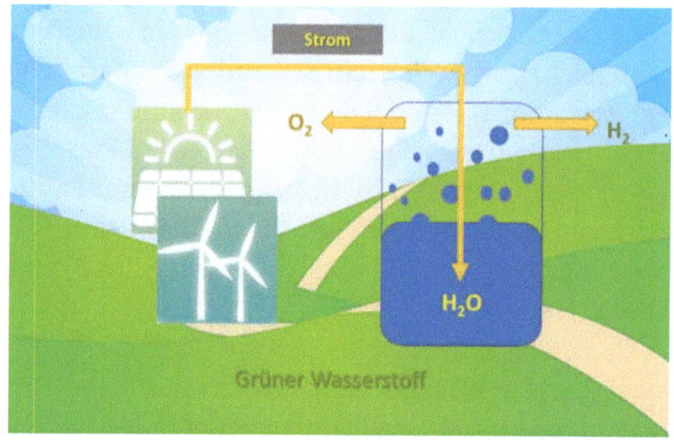

Abbildung 65: Schaubild grüner Wasserstoff.

Türkiser Wasserstoff:

Das Methan im Erdgas wird in Wasserstoff und festen Kohlenstoff gespalten.

Fester Kohlenstoff ist ein Granulat, das zum Beispiel in alten Bergwerksstollen sicher gelagert und später wiederverwendet werden kann (CCS-Technik – Carbon Capture and Storage, dt.: Kohlenstoffabscheidung und -speicherung). Dadurch gelangt kein CO_2 in die Atmosphäre. Werden zur Herstellung der Methanpyrolyse erneuerbare Energien genutzt, spricht man von türkisem Wasserstoff.

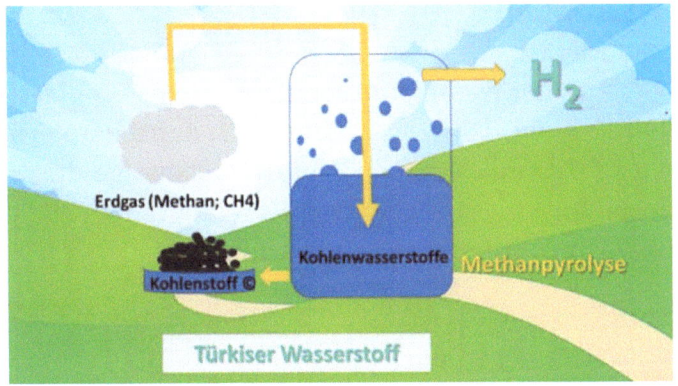

Abbildung 66: Schaubild türkiser Wasserstoff

Grauer Wasserstoff:

Wasserstoff wird durch Dampfreformierung, d.h. durch Anreicherung der fossilen Brennstoffe wie Erdgas, Kohle oder Öl mit Wasserdampf, erzeugt. Unter starker Wärmezufuhr und hohem Druck wird das Gemisch anschließend zu Wasserstoff umgewandelt.

Als Produkt entsteht ebenfalls CO_2, das in die Atmosphäre abgegeben wird.

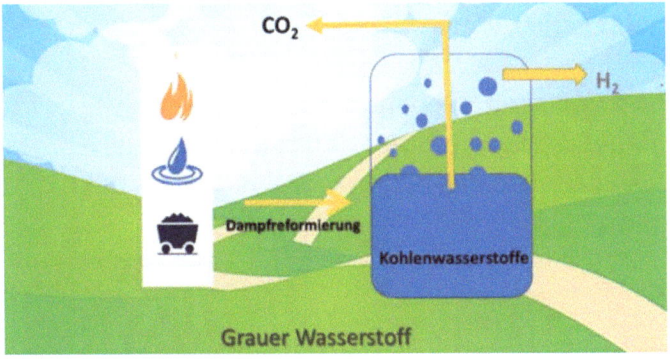

Abbildung 67: Schaubild grauer Wasserstoff

Blauer Wasserstoff:

Entsteht wie grauer Wasserstoff ebenfalls durch Dampfreformierung, allerdings wird das entstandene CO_2 danach unterirdisch gelagert (CCS-Technik – Carbon Capture and Storage, dt.: Kohlenstoffabscheidung und -speicherung). Es gelangt somit nicht in die Atmosphäre und ist damit ebenfalls klimaneutral.

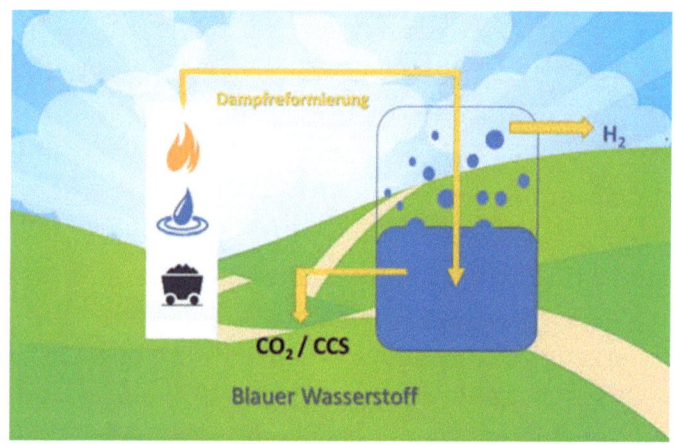

Abbildung 68: Schaubild blauer Wasserstoff.

Pinker oder gelber Wasserstoff:

Dabei wird Wasserstoff ebenfalls durch Elektrolyse gewonnen. Der benötigte Strom stammt aus der Kernenergie. Klimaschädliches CO_2 entsteht dabei nicht, wohl aber radioaktiver Abfall, der sicher und dauerhaft endgelagert werden muss.

13. Der Traum von einer grünen Wasserstoff-Wirtschaft

13.1 Einführung

Die Bundesregierung hat uns Bürgern bisher ja immer wieder versprochen, die Energie zu wenden und das Klima zu wandeln … oder zu retten? … na egal. Jedenfalls glauben wir wie immer unserer Reg-IRR-ung (oder Re-GIER-ung?) und wissen genau: Alles wird gut.

Jetzt nehmen wir einen neuen grünen Traum durch, und zwar den vom „Grünen Wasserstoff". Dazu muss man einiges vorab bemerken. Think Tanks und Lobby-Verbände, die Wasserstoff-Träume entwickeln und prächtig daran verdienen (Steuergeld!), gibt es wie überall in der Energiewende-Industrie wie Sand am Meer. Man google nur mal zum Thema Wasserstoff und stößt dann sehr schnell auf Schlagwörter wie „Wasserstoff-Bündnis", „Nationaler Wasserstoffrat", „Wasserstoff-Botschafter" usw.

Weshalb soll der grüne Wasserstoff (GH2) so gut sein? Nun deswegen, weil angeblich weder bei der Erzeugung noch beim Verbrauch klimaschädliche Gase erzeugt werden. Wobei … das mit der Erzeugung ist schon so eine Sache. Das stimmt nur, wenn dazu ausschließlich „Erneuerbare Energien" eingesetzt werden, also Wind- und Solarstrom, Biomasse, Laufwasser. Falls aber – wie zurzeit wieder verstärkt zu beobachten – zum Ausgleich der Volatilität der „Erneuerbaren" doch wieder fossile Kraftwerke eingesetzt werden müssen (besonders die schlimme Braunkohle ist wieder schwer im Kommen), ist das mit der „Klima-Neutralität" beim grünen Wasserstoff ganz schnell vorbei.

Apropos „Energie erneuern" oder „Energie erzeugen". Früher hieß es mal in der Physik, dass Energie niemals erzeugt oder erneuert werden kann, sondern nur umgewandelt von einer Form in die andere, z.B. von chemischer Energie (Kohle, Gas) in elektrische Energie plus Wärmeenergie. Die Energiemenge insgesamt bleibt immer konstant. Was halbwegs sinnvoll unterschieden werden könnte in „erneuerbar" oder nicht, sind die Energieträger: Fossile Energieträger wie Kohle, Öl und Gas sind nicht erneuerbar, bzw. erst in vielen Millionen Jahren. Wind und PV kann man mit gewisser Berechtigung als „erneuerbar" oder „regenerativ" oder vielleicht besser als nicht-aufbrauchbar bezeichnen, da sie sehr wahrscheinlich auch weiterhin die nächsten paar Milliarden Jahre von der Sonneneinstrahlung angetrieben werden.

Dass der grüne Wasserstoff jemals mehr als ein Traum und tatsächlich Realität wird, darf durchaus bezweifelt werden. Beispielsweise gab es am 13.01.2023 im BR24 folgende Meldung:

„Im September wurde in Wunsiedel Bayerns bisher größte Elektrolyseanlage zur Produktion von grünem Wasserstoff eingeweiht. Nun könnte ausgerechnet die Strompreisbremse die privatwirtschaftliche Investition unrentabel machen."

und

„... eine Elektrolyse mit Strom zum aktuellen Börsenpreis

den erzeugten Wasserstoff derart teuer machen würde, dass ihn niemand kauft."[65]

13.2 GH2-Wirtschaft

Wir gehen in diesem Abschnitt davon aus, dass die Elektrolyse-Anlagen bis zur Grenze der installierten Leistung den volatilen Strom verarbeiten können, egal wie stark dieser auch schwankt.

Falls das nicht der Fall ist und die Elektrolyseure nur mit einer stetigen Stromzufuhr arbeiten können, muss der den Elektrolyseuren zugeführte Strom zuvor verstetigt werden durch eine vorgeschaltete Glättungsspeicher-Struktur. Dies modellieren wir in diesem Abschnitt nicht.

Für die Nutzung des Wasserstoffs in einer GH2-Wirtschaft werden in dieser Modellierung zwei Bereiche betrachtet, siehe Abbildung 70:

1. GH2-Glättungsspeicher: Speicherung von EE-Überschuss und spätere Rückverstromung zum Ausgleich der Unterproduktion. Rückverstromung durch:
   - Verbrennung in einer Gasturbine und Stromerzeugung über einen Generator oder
   - Synthese von H2 und O2 in einer Brennstoffzelle mit direkter Stromerzeugung ohne Turbine und Generator.

---

65 www.br.de/nachrichten/bayern/gruener-wasserstoff-droht-bayerns-groesster-elektrolyseanlage-das-aus

2. GH2-Direktverwendung in den 3 Sektoren Wärme, Industrie, Mobilität zum:
   - Verbrennen des GH2 und Erzeugen von Wärme in Haushalten oder Industrie-Prozessen, ähnlich der Nutzung von Erdgas oder
   - als chemisches Vorprodukt in der Chemieindustrie oder
   - als Vorprodukt zur Erzeugung von E-Fuels für die Mobilität

GH2-Glättungsspeicher:

In der folgenden Modellierung unterscheiden wir nicht zwischen den beiden Methoden zur Rückverstromung. Wir setzen als Wirkungsgrad für die Rückverstromung von Wasserstoff pauschal 50% an. Für den gesamten Prozess „P2G2P" (Power-to-Gas-to-Power, d.h. Elektrolyse plus Rückverstromung) hätten wir dann einen Wirkungsgrad von 25%. Was ehrlich gesagt schon verflixt wenig ist.

Wir benutzen den Prozess der Elektrolyse plus Rückverstromung zur Realisierung eines GH2-Glättungsspeichers. Durch einen Glättungsspeicher wird versucht, die enorme Volatilität der Erneuerbaren Wind und PV auszugleichen, die dazu führt, dass regeneratives Stromangebot und Strombedarf praktisch nie zusammenpassen. Mit einem Glättungsspeicher könnte man bei Überschuss (das Angebot der Erneuerbaren ist größer als der Bedarf) möglichst viel überflüssigen Strom wegspeichern und bei Unterdeckung (Angebot ist kleiner als der Bedarf) die Bedarfslücken auffüllen.

Auf die nötigen Dimensionen eines solchen Glättungsspeichers auf Batterie-Basis sind wir bereits in einem anderen Kapitel eingegangen. Wir greifen dies weiter unten in der Modellierung auf GH2-Basis wieder auf.

GH2-Direktverwendung:

Wir nehmen hier keine Differenzierung der oben genannten Arten der GH2-Direktverwendung vor. Wir gehen davon aus, dass in einer Struktur von Elektrolyse-Anlagen aus EE-Strom grüner Wasserstoff erzeugt wird. Dieser wird dann mit Vorrang zur Füllung des GH2-Glättungsspeichers verwendet. Was übrig bleibt, wenn der GH2-Glättungsspeicher gefüllt ist, wird abgezweigt zur GH2-Direktverwendung, was wir dann nicht weiter detaillieren.

Erinnerung:

Wir unterscheiden bei den „Erneuerbaren" zwischen Strom-Angebot und Strom-Produktion. Angebot ist die Energiemenge, die Wind und PV aufgrund der aktuellen Situation liefern könnten. Produktion ist das, was sie nach eventueller Abregelung tatsächlich einspeisen. Als Grund für Abregelung wird in diesem Abschnitt nur die Leistungsgrenze in der Elektrolyse angenommen. Kapazitätsgrenzen im Glättungsspeicher spielen keine Rolle, weil angenommen wird, dass bei gefülltem Glättungsspeicher die gesamte GH2-Produktion in die GH2-Direktverwendung geht.

13.3 Szenarien des Nationalen Wasserstoff-Rates

Momentan kursieren die unterschiedlichsten Vorstellungen über die künftig notwendigen Wasserstoff-Mengen zur Direktverwendung. Wir benutzen hier als Beispiel die Annahmen des „Wasserstoff Aktion Planes" des Nationalen Wasserstoff-Rates [66].

In dem zitierten Papier des Nationalen Wasserstoff-Rates werden Mengengerüste für verschiedene Zeitpunkte genannt bzw. geschätzt: 2021 (Erscheinungsjahr der Studie), 2030, 2040, 2050 (für dieses Jahr strebt die EU „Klimaneutralität" an).

Ab 2050 werden folgende Mengen an GH2 als notwendig angesehen. Die Mengen sind in der Einheit TWh angegeben entsprechend der im Wasserstoff enthaltenen chemischen Energie. Eine Umrechnung in Tonnen ist nach der Formel möglich:

1 Tonne Wasserstoff enthält ca. 39 MWh chemische Energie.

Angaben Nationaler Wasserstoff-Rat für 2050:
- Industrie-Sektor: 297 TWh (Chemie: 227 TWh, Stahlherstellung 70 TWh),
- Mobilität: 203 TWh
- Wärme: 154 TWH

Die Schätzung für die Wärme ist wohl sehr unsicher. Zum einen nennt das Papier selbst eine Schwankungsbreite zwischen 10 und 154 TWh, dann bezieht sich diese Einschätzung auf das Jahr 2040,

---

66 www.wasserstoffrat.de/fileadmin/wasserstoffrat/media/Dokumente /2021-07-02_NWR-Wasserstoff-Aktionsplan.pdf

während für 2050 gar keine Angabe gemacht wird. Zum anderen ist es so, dass aktuell der Wärme-Sektor circa die Hälfte des gesamten Endenergieverbrauches in Deutschland benötigt [67]. Das wären ca. 1200 TWh Energie, also erheblich mehr als im obigen Ansatz des Nationalen Wasserstoff-Rates.

Wenn wir die oben genannten Mengen aus der Studie zusammenfassen, kommen wir auf eine Menge von 654 TWh GH2 pro Jahr ab 2050. Wenn wir annehmen, dass davon nur die Hälfte in Deutschland selbst hergestellt und der Rest importiert wird, und zugleich ansetzen, dass der Umwandlungsverlust in der Elektrolyse 50% beträgt, kommen wir zu dem Ansatz, dass pro Jahr 654 TWh EE-Strom in Deutschland für die GH2-Direktverwendung bereitzustellen sind.

13.4 Erzeugung und Transport von GH2

GH2 soll durch Elektrolyse aus regenerativ erzeugtem Strom hergestellt werden. Elektrolyse ist ein elektrochemischer Prozess, bei dem Wasser durch Strom in Wasserstoff H2 und Sauerstoff O2 zerlegt wird. Es gibt verschiedene technische Varianten mit unterschiedlichem Wirkungsgrad. Neben der Stoffumwandlung findet auch eine Energieumwandlung statt von der Stromenergie in die chemische Energie des Wasserstoffs. Jede Energieumwandlung ist mit mehr oder weniger großen Umwandlungsverlusten verbunden. Dabei verschwindet Energie zwar nicht (Energieerhaltungssatz), sondern diffundiert zum Teil zu unerwünschten

---

67 www.umweltbundesamt.de/daten/energie/energieverbrauch-fuer-fossile-erneuerbare-waerme

Energieformen. Besonders dramatisch ist der Verlust bei Wärme-kraftmaschinen, wo ein Großteil der eingesetzten Primärenergie in unerwünschte thermische Energie (Abwärme) umgewandelt wird und nur ein Teil in die erwünschte kinetische Energie.

Bezüglich der Elektrolyse werden unterschiedliche Wirkungs-grade für die Umwandlung aus der Stromenergie in die chemi-sche Energie des H2 angegeben. Wir gehen im Folgenden von 50 % aus. Darin sind auch Verluste durch Transport und Speicherung des H2 enthalten.

Abbildung 69: Elektrolyse-Anlage – Wasserstoff-Produktion in Leuna
(Bild: Linde Group)

Die zurzeit weltweit größte Elektrolyse-Anlage steht in Deutsch-land in Leuna [68] [69]. Sie hat eine Leistungsaufnahme von 24 MW Strom, eine Jahresproduktion von 3.200 Tonnen H2 und ein In-vestitionsvolumen von ca. 60 Mio. Euro. 1 Tonne H2 enthält eine chemische Energie von ca. 39 MWh. Zur Herstellung von 1 Tonne

68 www.energie.de/et/news-detailansicht/nsctrl/detail/News/in-leuna-entsteht-die-groesste-pem-elektrolyse-anlage-der-welt
69 www.infraleuna.de/topmenu/news/news-detail/milliarden-investi-tionen-in-leuna

H2 durch Elektrolyse sind daher ca. 78 MWh Strom nötig, bei 50% Wirkungsgrad.

Es wird viel diskutiert darüber, wieviel GH2 Deutschland künftig selbst herstellen bzw. importieren wird/muss. In unseren Modellierungen gehen wir von einer Importquote von 50% aus, andere Ansätze sind natürlich jederzeit in die Modellrechnungen eingebbar.

Für den künftigen Import bemüht sich die Bundesregierung in lobenswerter Weise jetzt schon um sehr zuverlässige, uns wohlgesonnene Wind-, Sonnen- und Rohstoff-verwöhnte Länder wie Namibia, Nordafrika, Katar. Aber auch Argentinien wird hofiert (wir sagen nur: Lithium!) usw. Das Zauberwort dieser Politik heißt: „Multipolar"!

Diese Länder sind sicherlich jetzt schon davon überzeugt, dass sie für uns (und vermutlich großenteils mit unserem Geld) möglichst schnell riesige Wind- und PV-Industrien aufbauen müssen. Der dort erzeugte grüne Wasserstoff (oder das aus dem H2 durch noch weitere Umwandlungen erzeugte Methan oder Ammoniak) wird dann in tiefgekühlter flüssiger Form mit riesigen Tankerflotten über die Weltmeere aus Hunderttausenden Kilometern Entfernung (bei dieser Entfernungsangabe verlassen wir uns natürlich ganz auf unsere jetzige Außenministerin ...) nach Deutschland transportiert.

Das mit den Tankerflotten ist natürlich auch kein Problem mehr, weil diese Tanker dann ja längst auch schon vom dreckigen Schweröl auf saubere E-Fuels umgestellt wurden. Mengen-Abschätzungen für diese Tankerflotten haben wir bereits weiter oben schon vorgenommen.

Pipelines wird man für den Transport von GH2 aus fernen Ländern vergessen können: zu weit und zu riskant, siehe Nord Stream 1 und 2. Für die Verteilung und Speicherung des grünen Wasserstoffes innerhalb von Deutschland und ganz Europa (alle anderen Länder Europas werden uns natürlich sofort begeistert auf unserem Weg in die schöne neue GH2-Welt folgen) stellt man sich die weitgehende Nutzung der bisherigen Erdgas-Infrastruktur vor.

13.5 Modellierung

Schema:

Abbildung 70 zeigt das Schema der dieser Modellierung zugrunde liegenden GH2-Produktion und des Einsatzes im GH2-Glättungsspeicher und in der GH2-Direktverwendung.

Das Symbol „Alle EE-Anlagen in D" steht für die Summe aller Wind-Onshore, Wind-Offshore, PV-, Biomasse- und Laufwasser-Anlagen.

In der Modellierung werden verschiedene Ausbaufaktoren der Wind- und PV-Anlagen und des Strom-Bedarfes betrachtet. Vervielfachungen von Biomasse und Laufwasser-Kraftwerken gelten als unrealistisch, deren Beiträge werden als konstant zu heute angenommen. Zur Vereinfachung der Darstellung nehmen wir in den folgenden Konfigurationen auch keine Verbesserung in den Wirkungsgraden von Wind und PV an.

Wir werden in der Modellierung Annahmen über die zur Verfügung stehende Nennleistung der gesamten Elektrolyse-Struktur machen. Dies deshalb, weil von dieser Gesamt-Nennleistung die Kosten und damit die technisch-wirtschaftlichen Realisierungs-Möglichkeiten der Elektrolyse abhängen.

Es wird angenommen, dass die Elektrolyse problemlos den unge-glätteten EE-Überschuss aufnehmen kann, sofern die Leistungs-grenze nicht überschritten wird.

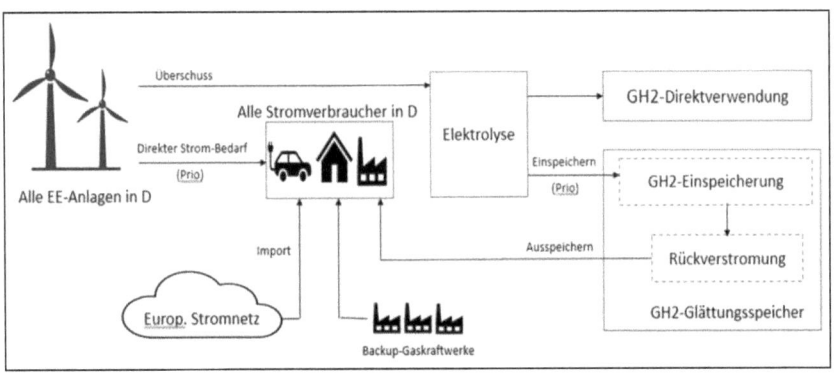

Abbildung 70: Modellierung GH2-Wirtschaft ohne
vorgeschalteten Batterie-Glättungsspeicher

Es wird sich zeigen, dass vielfach Angebots-Überschüsse auftre-ten können, die von der Elektrolyse wegen der Leistungsgrenze nicht komplett aufgenommen werden können. Die Überschuss-mengen können so groß sein, dass auch ein Export ins Ausland unrealistisch ist. Wir gehen davon aus, dass solche Überschuss-Spitzen gar nicht erst produziert werden, sondern die EE-Anlagen entsprechend abgeregelt werden.

Situationen:
Die nächste Abbildung zeigt in Ergänzung zur Abbildung 3 die Situationen in der GH2-Wirtschaft.

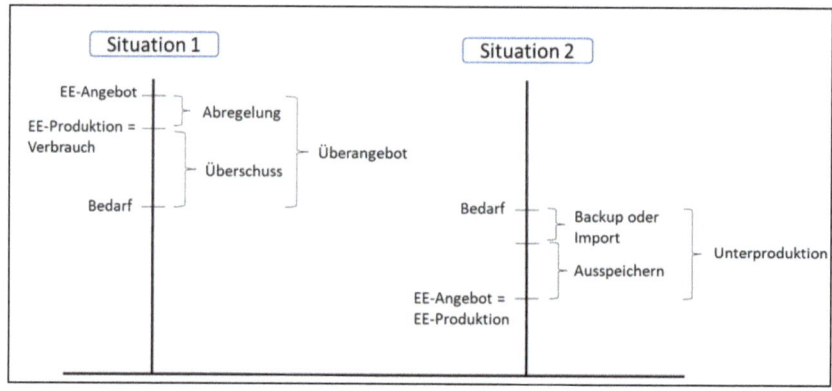

*Abbildung 71: Situationen zu EE-Angebot, EE-Produktion
und Bedarf in der GH2-Wirtschaft*

In Situation 1 gilt:

Die Abregelung ist durch das Leistungslimit der Elektrolyse bestimmt. Wenn das Überangebot größer als dieses Limit ist, wird als Überschuss genau dieses Limit genommen und in die GH2-Produktion gesteckt. Der Rest vom Überangebot ist die Abregelung. Ist das Überangebot kleiner oder gleich diesem Limit, ist die Abregelung Null und das ganze Überangebot wird als Überschuss in die GH2-Produktion genommen.

In Situation 2 treten als Sonderfälle auf:

Ausspeichern = Null, wenn der GH2-Speicher leer ist. In dem Fall muss die gesamte Unterproduktion durch Backup bzw. Strom-Import ausgeglichen werden.

Ausspeichern = Unterproduktion. In dem Fall ist kein Backup bzw. Strom-Import nötig.

Modellierungs-Tool:

Das der Modellierung zugrunde liegende Excel-Tool ist so aufgebaut, dass verschiedene Eingabe-Parameter frei gewählt werden können und daraus Werte für gewisse Ausgabe-Parameter sowie Zeitreihen-Graphiken generiert werden.

Das zugrunde liegende Datenmaterial besteht auch hier wieder aus den Strom-Produktions- und Bedarfswerten für das Jahr 2022, aufsummiert für ganz Deutschland, die beispielsweise vom Portal der Agora Energiewende oder von der Bundesnetzagentur bereitgestellt werden. Hierbei handelt es sich um „stundenscharfe" Werte für jede der 8760 Stunden des Jahres. Andere Jahrgänge, sofern angeboten, liefern ähnliche Ergebnisse.

Wichtige Eingabeparameter sind die Ausbaufaktoren, siehe Abschnitt 3. Über mögliche Wirkungsgradfaktoren stellen wir in diesem Abschnitt keine Spekulationen an. Wir gehen der Einfachheit halber davon aus, dass die Wirkungsgrade nicht vergrößert werden. Dann wird beispielsweise eine angenommene Verdoppelung der installierten Leistung aller Wind-Onshore-Anlagen in Deutschland (Ausbaufaktor = 2, siehe Abschnitt 3) im Tool so verarbeitet, dass jeder Stundenwert der Wind-Onshore-Produktion verdoppelt wird. Es wird also unterstellt, dass die Zeitreihen der kommenden Jahre „im Prinzip" ähnliche Verläufe wie die Zeitreihen des Jahres 2022 aufweisen. Natürlich wird nicht unterstellt, dass tatsächlich jede einzelne Stunde des künftigen Jahres exakt den modellierten Wert aufweisen wird.

Modellierung der GH2-Einspeicherung und der GH2-Direktverwendung:

1. Falls in der Stunde x Überangebot auftritt (Situation 1), wird versucht, dieses soweit möglich in der GH2-Produktion zu verwenden. Dies wird begrenzt vom angenommenen Leistungs-Limit der Elektrolyse. Was über dieses Limit hinausgeht, wird vom EE-Angebot abgeregelt. Der Rest vom EE-Angebot abzüglich der Abregelung ist die EE-Produktion. Die Differenz von EE-Produktion und Bedarf ist der Überschuss, der komplett in die Elektrolyse geht (Strom-Export betrachten wir nicht).

   Erinnerung: Wir unterstellen hier, dass die Elektrolyse alle Leistungsschwankungen verarbeiten kann.

2. Es wird versucht, den Überschuss gemäß Punkt 1 soweit möglich im GH2-Speicher unterzubringen. Diese Abspeicherung hat Priorität gegenüber der GH2-Direktverwendung. In den Speicher selbst gelangt dabei nur die um den Wirkungsgrad-Verlust (75%) reduzierte Energiemenge, weil nur diese reduzierte Energiemenge beim Ausspeichern wieder zur Verfügung steht, der Rest divergiert.

   Wird bei diesem Einspeichern das Kapazitätslimit des Speichers überschritten, wird nur derjenige Teil des Überschusses für die GH2-Einspeicherung verwendet, der – nach Abzug des Wirkungsgradverlustes – noch in den Speicher hineinpasst, der Rest des Überschusses wird in die GH2-Direktverwendung geleitet. Dieser Prozessschritt liefert den Speicherinhalt der Stunde x+1.

3. Falls in der Stunde y Unterproduktion auftritt (Situation 2), wird versucht, diese Unterproduktion durch Ausspeichern auszugleichen. Die Entnahme wird ohne Verlust modelliert, weil dieser Verlust bereits bei der Einspeicherung berücksichtigt wurde.

   Gibt der Speicher nicht genügend her oder ist er schon leer, kann die Unterproduktion nur zum Teil oder gar nicht reduziert werden. Für das Ausspeichern ergibt sich auch ein Limit durch das angenommene Leistungs-Limit der Rückverstromung. Es bleibt dann eine eventuell reduzierte Unterproduktion übrig, die durch Backup-Kraftwerke bzw. Strom-Import auszugleichen ist.

   Dieser Prozessschritt liefert nach der Speicherentnahme den Speicherinhalt zur Stunde y+1.

4. Falls in der Stunde z gilt: EE-Angebot = Bedarf, wird keine Energie in die Elektrolyse geleitet und der Speicherinhalt zur Stunde z+1 ist der gleiche wie zur Stunde z.

13.6 Konfigurationen

Konfiguration 1:

Die Abbildung 72 zeigt auf Basis der SMARD-Zeitreihen von 2022 eine beispielhafte Konfiguration der Modellierung (Eingabe-Parameter grün unterlegt) und die resultierenden Ausgabewerte. Die Eingabewerte sollen eine mögliche Situation im Jahr 2050 modellieren.

Erläuterungen zu den Eingaben:

- Die installierten Leistungen von Wind Onshore, Wind Offshore und PV sind in dieser Konfiguration jeweils 10 Mal so hoch wie heute.
- Der Strom-Bedarf wurde verdoppelt (Hinzunahme von Wärmepumpen, E-Mobilität, Elektrifizierung der Industrie).
- Der Wirkungsgrad der Elektrolyse plus Rückverstromung (P2G2P) wird mit 25% angenommen.
- Für den Glättungsspeicher wird eine Kapazität von 15 TWh angenommen. Damit ist die Energie gemeint, die nach der Rückverstromung aus dem Glättungsspeicher maximal für den Strom-Bedarf zur Verfügung steht. Weiters wird angenommen, dass der Speicher zum Beginn der Zeitreihe in der Stunde 01.01.2050 00:00 zur Hälfte gefüllt ist.
- Für die gesamte Elektrolyse-Struktur wird eine installierte Leistung von 400 GW angenommen, für die Rückverstromung von 100 GW.

Eingabe-Parameter		Jahreswerte zukünftig		
Install. W on [GW]	580	EE-Angebot [TWh]	1.858,0	
Install. W off [GW]	80	Jahres-Strom-Bedarf [TWh]	1.000,0	
Install. PV [GW]	630	Überschuss [TWh]	948,4	
Jahres-Strom-Bedarf [TWh]	1000		Anteile am Überschuss:	
Wirkgrad P2G2P	25%	GH2-Glättungsspeicher [TWh]	379,8	40,05%
GH2-Speicher Kap Limit [TWh]	15	GH2-Direktverwendung [TWh]	568,6	59,95%
GH2-Sp eicher Füll Anfang [%]	50%			
Elektrolyse Nennleistung = Leistungs-Limit [GW]	400	Abregelung [TWh]	0,8	
Rückverstromung Leistungs-Limit [GW]	100	Unterproduktion[TWh]	91,3	
		EE-Angebot = Bedarf + Überschuss + Abregelung - Unterproduktion	1.858,0	
		Strom-Bedarf [TWh]	1.000,0	
		Anteil am Strom-Bedarf:		
		Direkte Bedarfsdeckung [TWh]	908,7	90,87%
		Ausspeichern [TWh]	88,4	8,84%
		Backup bzw. Import [TWh]	2,9	0,29%
		Jahresauslastung der Elektrolyse	27,07%	

Abbildung 72: Konfiguration 1 einer Grünen-Wasserstoff-Wirtschaft

Ergebnisse:

1. Rechts in der Tabelle der Abbildung 72 stehen die Jahressummen von EE-Angebot, Bedarf, Überschuss, Abregelung und Unterproduktion. Die Werte erfüllen die Bilanz-Gleichung: EE-Angebot = Bedarf + Überschuss + Abregelung–Unterproduktion.

2. Außerdem ist die Aufteilung des Überschusses in der Elektrolyse auf die Einspeicherung in den GH2-Glättungsspeicher (mit Vorrang) und in die GH2-Direktverwendung gezeigt.

3. Anschließend erfolgt die Aufteilung der Deckung des Strom-Bedarfes. Dabei wird definiert:
In Situation 1 ist: Direkte Bedarfsdeckung = Bedarf
In Situation 2 ist: Direkte Bedarfsdeckung = EE-Angebot.

4. Am Ende der Tabelle findet sich die Jahresauslastung der Elektrolyse definiert als Quotient:
Jahresauslastung = Überschuss / (Nennleistung*8760 Stunden).

Man sieht: der Verbrauch für die GH2-Direktverwendung erreicht noch nicht die geforderten 654 TWh und die Abregelung ebenso wie das Backup sind relativ gering. Durch weiteres Fein-Tuning der Eingabewerte könnte man vielleicht noch ein passenderes Ergebnis erzielen, was wir uns hier ersparen.

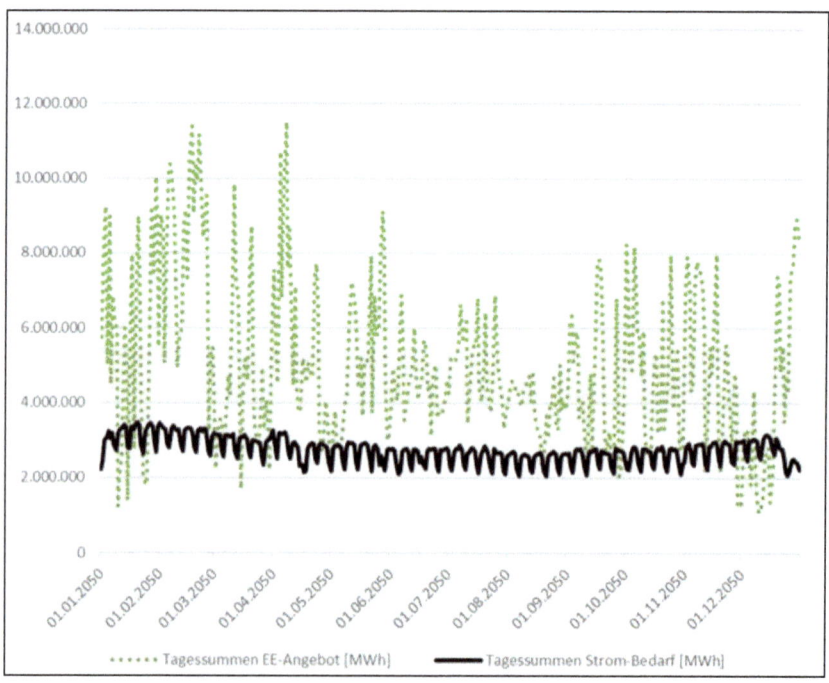

Abbildung 73: GH2-Konfiguration 1: EE-Angebot und Bedarf

Abbildung 73 zeigt auf Tages-Basis die Zeitreihen von EE-Angebot und Bedarf bei den Zubauten von Wind und PV gemäß Konfiguration 1. Die Überangebote nehmen riesige Ausmaße an. Trotzdem ist die Abregelung minimal, nur 0,04% vom EE-Angebot, weil die Elektrolyse-Leistung sehr hoch ist.

Abbildung 74 zeigt die Aufteilung des Überschusses in die GH2-Einspeicherung und die GH2-Direktverwendung.

Abbildung 75 zeigt den Verlauf des Speicher-Füllstandes, der nur einmal am Ende des Jahres in der Dunkelflaute leer ist, so dass Backup bzw. Strom-Import fällig werden.

Abbildung 76 zeigt die Aufteilung der Deckung des Strom-Bedarfes. Man erkennt, dass in dieser Konfiguration auch der Backup bzw. Import gering ist und nur in einer kurzen Flauten-Phase zum Ende des Jahres eine Rolle spielt, wenn der Speicher leer ist.

Abbildung 77 zeigt das Histogramm der mittleren Auslastungs-werte der Elektrolyse auf Tages-Basis. Beispielsweise bedeutet der zweite Block von links, dass an 93 Tagen des Jahres eine Auslastung zwischen 20% und 30% vorliegt. An 237 Tagen des Jahres (65% aller Tage des Jahres) liegt eine Auslastung zwischen 0% und maximal 30% vor. Als Ökonom würde man dies wohl als eine schlechte Investition betrachten, zumal das Investitions-Volumen in die Elektrolyse, wie wir sehen werden, immens ist.

Die folgende Tabelle Abbildung 78 zeigt einige Extremwerte in der Konfiguration 1, jeweils mit einer Stunde, in der dieses Extremum auftritt. Man beachte, dass die Modellierung der Zeitreihen von Konfiguration 1 auf den historischen Zeitreihen der Bundesnetzagentur für das Jahr 2022 beruht.

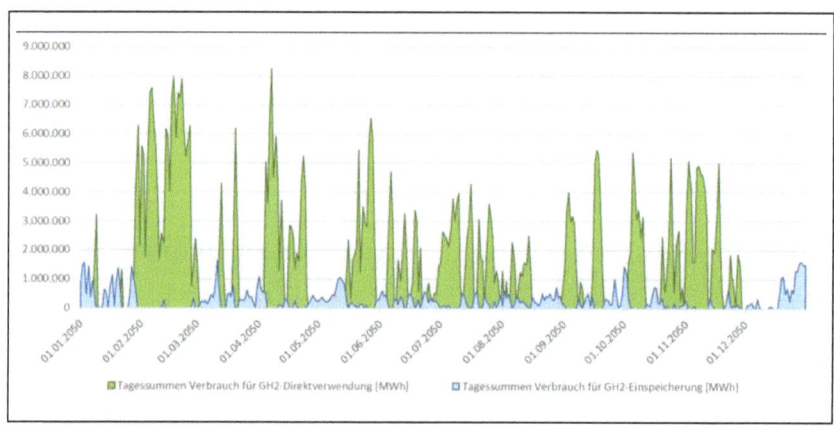

Abbildung 74: GH2-Konfiguration 1: Aufteilung des Überschusses in GH2-Einspeicherung und GH2-Direktverwendung

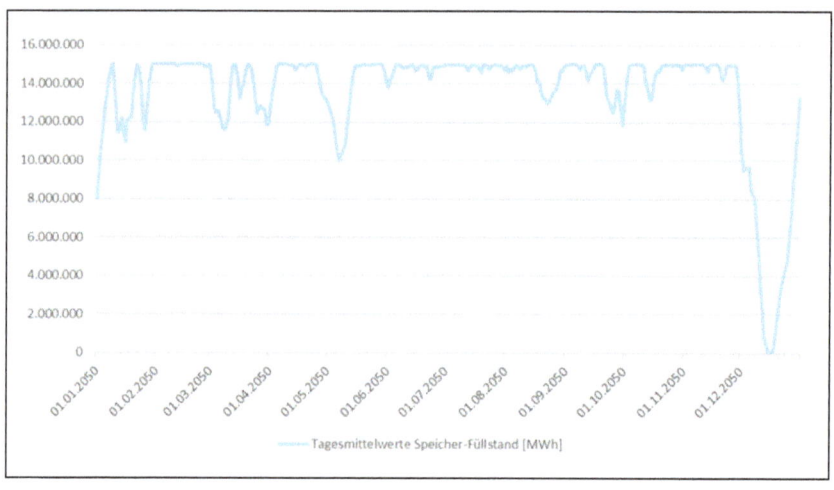

Abbildung 75: GH2-Konfiguration 1: Speicher-Füllstand

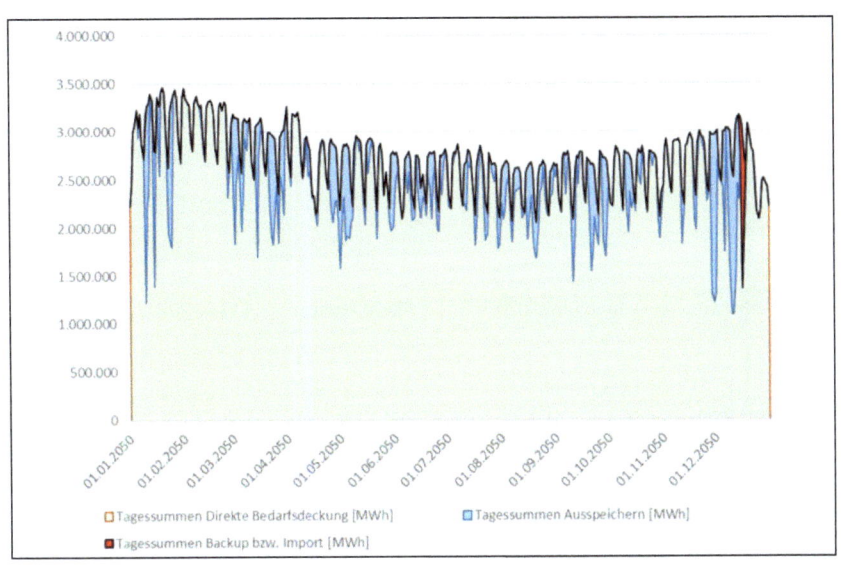

Abbildung 76: GH2-Konfiguration 1: Aufteilung der Deckung des Strom-Bedarfes

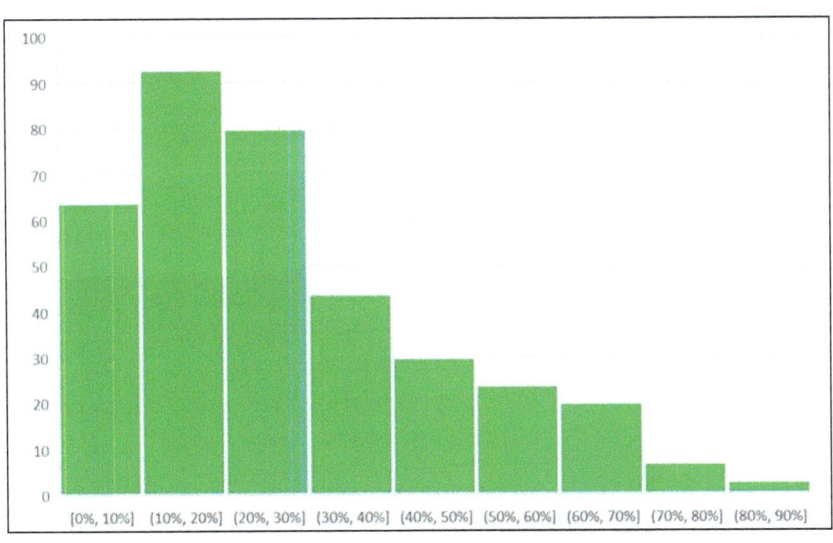

Abbildung 77: GH2-Konfiguration 1: Histogramm der mittleren Auslastungswerte der Elektrolyse auf Tages-Basis.

Extremale Stundenwerte zukünftig		
EE Angebot MAXI [GW]	597,6 Datum	11.03.2050 12:00
EE Angebot MINI [GW]	14,6 Datum	16.08.2050 20:00
Strom-Bedarf MAXI [GW]	163,1 Datum	01.02.2050 12:00
Strom-Bedarf MINI [GW]	70,9 Datum	25.12.2050 02:00
Nutzb. Überschuss MAXI [GW]	400,0 Datum	17.02.2050 10:00
Abregelung MAXI [GW]	53,8 Datum	11.03.2050 12:00
Unterproduktion MAXI [GW]	123,2 Datum	10.01.2050 17:00
Backup bzw. Import MAXI [GW]	112,5 Datum	16.12.2050 16:00

Abbildung 78:GH2-Konfiguration 1: Extremwerte

Technisch-wirtschaftliche Einschätzungen der Konfiguration 1:

1. Eine Verzehnfachung der installierten Leistung der Windkraft an Land bedeutet eine Verfünf- bis Verzehnfachung der Zahl der Anlagen, je nachdem welche künftige Nennleistung der einzelnen Anlagen man annimmt. Selbst eine Verfünffachung führt zu 150.000 Anlagen. Bei einem Mindest-Platzbedarf von 0,4 km² pro Anlage (um gegenseitige Abschattung zu vermeiden) läge man bei einem Platzbedarf von 75.000 qkm, das sind fast 17% der Landesfläche von Deutschland, also mehr als 8 Mal so viel, wie die 2%, die aktuell nach dem Wind-an-Land-Gesetz auszuweisen sind.

2. Die nach eigenen Angaben weltweit größte Elektrolyse-Anlage entsteht zurzeit in Leuna mit 24 MW Leistung (Strom-

verbrauch) und 3.200 Tonnen Jahres-Produktion von grünem Wasserstoff, Investition ca. 60 Mio. Euro.

Um die angesetzten 400 GW Leistung aufzunehmen, müsste man fast 17.000 Leuna-Anlagen installieren. Investitions-Volumen ca. 1 Billion Euro, ohne Berücksichtigung der sonstigen Infrastruktur für Speicherung und Transport des Wasserstoffs. Diese Anlagen laufen aber, wie oben gezeigt, mit einer sehr schlechten Auslastung von im Mittel unter 30% im Jahr. Es ist eine interessante Frage, ob sich überhaupt Investoren für eine solche Geldverschwendung finden lassen, es sei denn … der Steuerzahler darf mal wieder ran.

Im nächsten Abschnitt versuchen wir, durch eine andere Konfiguration das Investitions-Volumen der Elektrolyse zu reduzieren, was aber zu anderen Nachteilen führt.

3. Wenn man für die Rückverstromung Gaskraftwerke („H2-Ready") einsetzen will, eine typische Leistung pro Kraftwerk von 300 MW annimmt sowie Investitionskosten von 150 Millionen Euro pro Kraftwerk [70] ansetzt, kommt man für eine zu installierende Leistung der Rückverstromung von 100 GW auf Investitionskosten von ca. 48 Milliarden Euro für die Rückverstromung.

4. Da nach bisheriger Annahme die Hälfte des für die GH2-Wirtschaft nötigen grünen Wasserstoffs (654 TWh) importiert werden soll, müssten demnach 327 TWh GH2 in flüssiger Form per

---

70 www.ier.uni-stuttgart.de/publikationen/arbeitsberichte/downloads/ Arbeitsbericht_04.pdf

Wasserstofftanker importiert werden. Neu entwickelte Tanker-Typen sollen angeblich ab 2027 ein Fassungsvermögen von 37.500 Kubikmetern flüssigem Wasserstoff bereitstellen (siehe Abschnitt 10.4).

Nach Abschnitt 4 gelten die Umrechnungen:
- 1 Kubikmeter LH2 hat ein Gewicht von 71 kg
- 1 Tonne LH2 hat ein Volumen von 14,1 Kubikmeter
- 1 Tonne LH2 hat einen chemischen Energieinhalt von 39,5 MWh.

Für den Import von 327 TWh chemischer Energie werden daher ca. 8,3 Mio. Tonnen LH2 benötigt. Diese haben ein Volumen von 117 Mio. Kubikmeter. Mit dem oben genannten Fassungsvermögen der künftigen Wasserstofftanker wären dann pro Jahr über 3.100 Tankerladungen nötig. Es müssten also jeden Tag mehr als 8 solche Tanker entladen werden. Da jeder Tanker sicherlich mehrere Wochen auf See ist, wird man vermutlich mehrere hundert Tanker und Dutzende von Entlade-Terminals brauchen.

Konfiguration 2:

In der Konfiguration 1 hat sich die Elektrolyse als wesentlicher Kostentreiber herausgestellt. Abbildung 79 zeigt eine andere Konfiguration, bei der die Investition in die Elektrolyse halbiert wurde und alle anderen Eingabe-Parameter gleich geblieben sind.

Eingabe-Parameter		Jahreswerte zukünftig		
Install. W on [GW]	580	EE-Angebot [TWh]	1.858,0	
Install. W off [GW]	80	Jahres-Strom-Bedarf [TWh]	1.000,0	
Install. PV [GW]	630	Überschuss [TWh]	812,6	
Jahres-Strom-Bedarf [TWh]	1000	Anteile am Überschuss:		
Wirkgrad P2G2P	25%	GH2-Glättungsspeicher [TWh]	372,6	45,85%
GH2-Speicher Kap Limit [TWh]	15	GH2 -Direktverwendung [TWh]	440,1	54,15%
GH2-Sp eicher Füll Anfang [%]	50%			
Elektrolyse Nennleistung = Leistungs-Limit [GW]	200	Abregelung [TWh]	136,6	
Rückverstromung Leistungs-Limit [GW]	100	Unterproduktion[TWh]	91,3	
		EE-Angebot = Bedarf + Überschuss + Abregelung - Unterproduktion	1.858,0	
		Strom-Bedarf [TWh]	1.000,0	
		Anteil am Strom-Bedarf:		
		Direkte Bedarfsdeckung [TWh]	908,7	90,87%
		Ausspeichern [TWh]	88,4	8,84%
		Backup bzw. Import [TWh]	2,9	0,29%
		Jahresauslastung der Elektrolyse	46,38%	

Abbildung 79: GH2-Konfiguration 2 mit halbierter Elektrolyse-Leistung

Dies reduziert natürlich die Chance, die für die GH2-Wirtschaft nötigen Mengen herzustellen. Der erreichte Wert der GH2-Direktverwendung verfehlt den Zielwert von 654 TWh aus Abschnitt 14.3 deutlich. Die Deckung des Strom-Bedarfes ist wegen des beibehaltenen GH2-Glättungsspeichers und dessen Priorität unverändert. Die Auslastung der Elektrolyse hat sich wegen der Halbierung der installierten Leistung deutlich verbessert.

Die Abregelung ist viel größer als in Konfiguration 1 und beträgt jetzt 7,4% vom EE-Angebot. Das heißt, die EE-Anlagen stehen oftmals still, sind also eine schlechte Investition. Allerdings muss man sagen, dass Letzteres die EE-Anlagen-Betreiber solange nicht weiter stört, wie die bisherige Praxis der „Ausfallarbeit" (Vergütung von abgeregeltem, gar nicht produziertem Phantomstrom) beibehalten wird. Dann profitieren die Betreiber weiterhin so, als hätten sie produziert, und die schlechte Investition wird auf die Stromkunden abgewälzt.

Konfiguration 3:

In dieser Konfiguration ist gegenüber Konfiguration 1 ebenfalls die installierte Leistung der Elektrolyse halbiert, und zum Ausgleich, um den Verbrauch für die Einspeicherung zu reduzieren, wurde die Speicher-Kapazität auf 1 TWh gesenkt.

Damit erhält man für die GH2-Direktverwendung fast den geforderten Wert von 654 TWh. Allerdings steigt wegen des viel kleineren Glättungsspeichers das benötigte Backup bzw. Strom-Import deutlich an, Abbildung 80.

Eingabe-Parameter		Jahreswerte zukünftig		
Install. W on [GW]	580	EE-Angebot [TWh]	1.858,0	
Install. W off [GW]	80	Jahres-Strom-Bedarf [TWh]	1.000,0	
Install. PV [GW]	630	Überschuss [TWh]	812,6	
Jahres-Strom-Bedarf [TWh]	1000	Anteile am Überschuss:		
Wirkgrad P2G2P	25%	GH2-Glättungsspeicher [TWh]	210,2	25,87%
GH2-Speicher Kap Limit [TWh]	1	GH2 -Direktverwendung [TWh]	602,4	74,13%
GH2-Sp eicher Füll Anfang [%]	50%			
Elektrolyse Nennleistung = Leistungs-Limit [GW]	200	Abregelung [TWh]	136,6	
Rückverstromung Leistungs-Limit [GW]	100	Unterproduktion[TWh]	91,3	
		EE-Angebot = Bedarf + Überschuss + Abregelung - Unterproduktion	1.858,0	
		Strom-Bedarf [TWh]	1.000,0	
		Anteil am Strom-Bedarf:		
		Direkte Bedarfsdeckung [TWh]	908,7	90,87%
		Ausspeichern [TWh]	52,1	5,21%
		Backup bzw. Import [TWh]	39,2	3,92%
		Jahresauslastung der Elektrolyse	46,38%	

Abbildung 80: GH2-Konfiguration 3

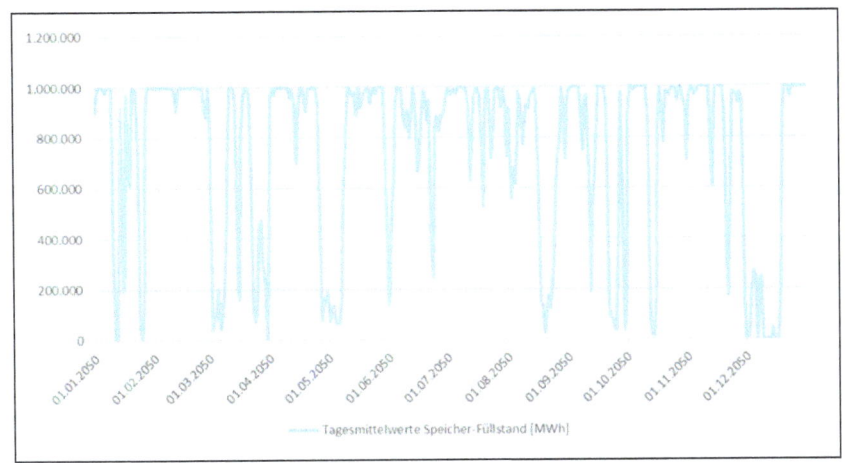

Abbildung 81: GH2-Konfiguration 3: Speicher-Füllstand

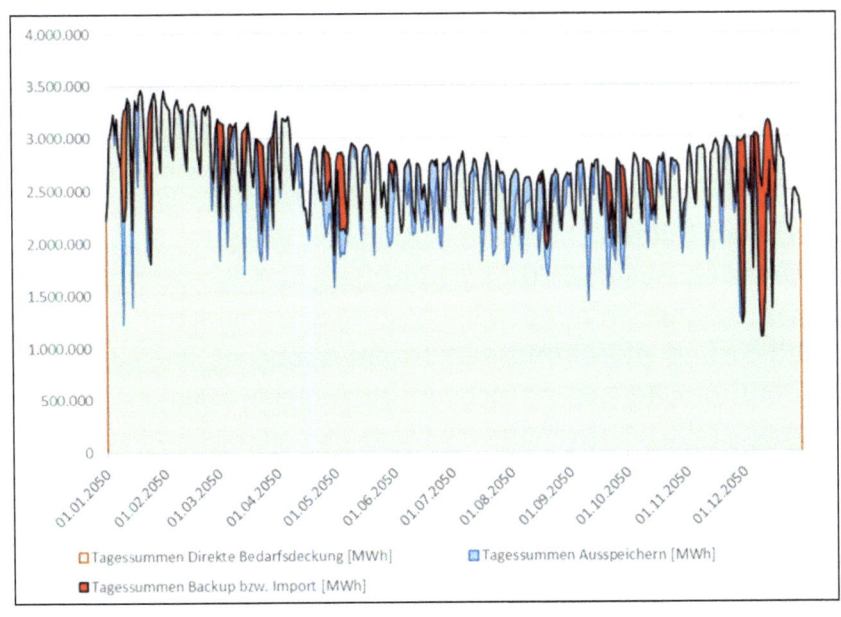

Abbildung 82: GH2-Konfiguration 3: Deckung des Strom-Bedarfes

Wegen der geringen Speicher-Kapazität gibt es in dieser Konfiguration trotz des in der Jahressumme hohen Überschusses einige Seicher-Leerstände, so dass die benötigten Backups bzw. Importe ansteigen: Abbildungen 81 und 82.

13.7 Fazit

Die vorgegebenen Ziele des Nationalen Wasserstoffrates für das Jahr 2050 führen in eine Zwickmühle, die immer zu immensen Kosten führt.

Der wesentliche Kostentreiber sind dabei die Elektrolyse-Anlagen: mindestens 1 Billion Euro in Konfiguration 1 und mindestens 500 Milliarden Euro in den Konfigurationen 2 und 3.
Import von Wasserstoff oder daraus abgeleiteten Produkten erfordert riesige noch zu bauende Tankerflotten und Infrastrukturen.

Die in der Untersuchung des Nationalen Wasserstoffrates propagierten Ausbauziele für die künftige grüne Wasserstoff-Wirtschaft zusammen mit den benötigten Speicherstrukturen zur Realisierung einer künftigen Stromversorgung, die sich auch weiterhin am Bedarf und nicht nur am Angebot orientiert, ist aufgrund der dazu notwendigen technischen und wirtschaftlichen Investitionen nicht zu stemmen und daher reine Illusion.

14. Private Haushalte: Photovoltaik, Batteriespeicher, E-Autos und Wärmepumpen

14.1 Einführung

Photovoltaik ist zurzeit der große Renner. Viele Leute träumen davon, in diesen Zeiten mit hohen Stromkosten diese Kosten durch eigenen PV-Strom zu reduzieren. Andere träumen sogar von Autarkie.

Hinzu kommt die Diskussion um die neuen Gebäude-Energiegesetze: zwanghafte Umstellung von fossilen Heizungen auf Wärmepumpen.

Komplettpakete aus PV-Anlagen, Wärmepumpen, E-Autos und eventuell Batteriespeichern sind im Gespräch. Wir wollen in diesem Abschnitt nachrechnen, unter welchen Bedingungen sich solche Investitionen überhaupt lohnen könnten.

14.2 Modellierung der PV-Erzeugung

Ausgangspunkt sind wieder die offiziellen Daten des Portals SMARD der Bundesnetzagentur. Diese liefern für jede Stunde des Jahres die Summe der gesamten PV-Erzeugung in ganz Deutschland. Durch Addition der Stundenwerte für jeden Tag erhält man daraus die Tagessummen, Abbildung 20. Diese Abbildung zeigt nur den Jahresgang der PV (Winter <-> Sommer) und nicht die Tagesgänge (Nacht <-> Tag).

Das Modellierungs-Tool hat einen frei wählbaren Eingabeparameter für die installierte Peak-Leistung eines Haushaltes. Mit Hilfe der in Abschnitt 4 angenommenen Relation von durchschnittlich 1000 kWh/(kWp*a) für in Deutschland stehende PV-Anlagen erhalten wir eine geschätzte Jahres-PV-Erzeugung des Haushaltes. Beispielsweise würde somit für eine 10 kWp Anlage eine Jahres-Produktion von ca. 10.000 kWh angenommen.

Damit wird dann jeder Stundenwert der PV-Produktion des Haushaltes modelliert nach der Formel:

PV-Produktion des Haushaltes in Stunde x = PV-Produktion ganz Deutschland in Stunde x * Angenommene Jahres-Produktion des Haushaltes / Jahres-Produktion ganz Deutschland.

Die Zeitreihe der so modellierten Stundenwerte der Produktion des Haushaltes hat die gleiche Form wie die Zeitreihe der SMARD-Daten für ganz Deutschland, nur die Zahlenwerte sind entsprechend verringert.

In dem Abschnitt über Konfigurationen werden wir verschiedene Peak-Leistungen und damit Jahreserträge der privaten PV-Anlage austesten.

Anmerkung:
Bezüglich des jahreszeitlichen Verhaltens der PV-Erzeugung in Deutschland gibt es im Internet Aussagen zu den monatlichen Erzeugungswerten[71] [72]. Diese Quellen gehen auch von einem

---

71   echtsolar.de/photovoltaik-ertrag
72   gruenes.haus/photovoltaik-pv-ertrag/

durchschnittlichen Jahresertrag von 1.000 kWh / (1kWp * a) aus. In der folgenden Tabelle und der dazugehörigen Abbildung 84 sind gegenübergestellt die Monatssummen pro 1 kWp einmal für die Werte aus den SMARD-Daten und die Werte aus den Internetquellen. Es gibt geringe Unterschiede zwischen den Quellen und ebenfalls aus den verschiedenen Jahren, was infolge unterschiedlicher Witterung nicht verwundert.

Monat	SMARD 2022: PV Haus pro Monat [kWh]	gruenes.haus 2020: PV Haus pro Monat [kWh	echtsolar 2022: PV Haus pro Monat [kWh	echtsolar 2020: PV Haus pro Monat [kWh
Januar	17,6	25	22	28
Februar	40,3	58	49	42
März	99,1	72	114	97
April	100,9	127	109	142
Mai	132,8	124	135	134
Juni	142,0	155	136	116
Juli	142,6	131	136	128
August	131,4	123	130	113
September	86,6	89	86	99
Oktober	64,2	62	68	46
November	30,7	27	35	38
Dezember	11,9	21	16	16
Summe	1000,0	1014,0	1036,0	999,0

Abbildung 83: Monatssummen PV-Produktion von 1 kWp
durchschnittlich in Deutschland

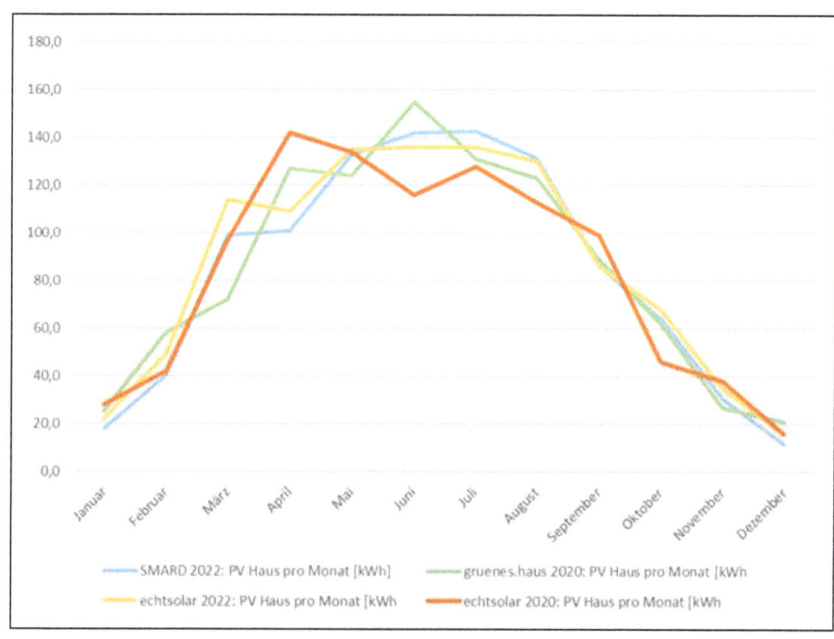

Abbildung 84 : Monatssummen PV-Produktion von 1kWp
durchschnittlich in Deutschland

14.3 Modellierung der Bedarfe

Wir modellieren die Zeitreihen für:
- den Strom-Bedarf des Haushaltes: Licht, Kochen, Waschen, Elektrogeräte usw.
- den Strom-Bedarf der Wärmepumpe,
- den Strom-Bedarf für das E-Auto.

Bei dieser Modellierung geben uns die Daten von SMARD oder Agora keinerlei Hinweise, weil diese immer nur den Gesamt-

Bedarf aller Strom-Verbraucher anzeigen. Die Bedarfs-Charakteristika von privaten Haushalten können daraus nicht entnommen werden.

Wir modellieren für jeden der drei Bedarfs-Bereiche jeweils einen Jahresgang und einen Tagesgang. Der Jahresgang ist die Zeitreihe der Tages-Bedarfe für das Jahr, der Tagesgang ist die Verteilung der Stunden-Bedarfe prozentual auf den jeweiligen Tages-Bedarf. Wir nehmen an, dass der Tagesgang für alle Tage des Jahres gleich ist.

Nun können natürlich in der Realität die Zeitreihen der Bedarfe viel komplexer sein und für unterschiedliche Haushalte sehr unterschiedlich ausfallen, so dass wir hier nur ein einfaches, vereinheitlichtes Modell betrachten. Allerdings können im Modellierungs-Tool die Parameter dieser Modellierungen variiert werden.

Modellierung des Haushalt-Strom-Bedarfes:

Wir nehmen einen Gesamt-Jahres-Bedarf für den Haushalt von 4.000 kWh an. Außerdem unterstellen wir folgenden Jahresgang: im Winter wird durch die Dunkelheit mehr Strom im Haushalt verbraucht als im Sommer. Abbildung 85 zeigt einen angenommenen Jahresgang der Tages-Bedarfe mit Cosinus-förmigem Verlauf, bei dem angenommen wurde, dass der Bedarf im Winter um die 50% höher liegen kann als der Bedarf im Sommer.

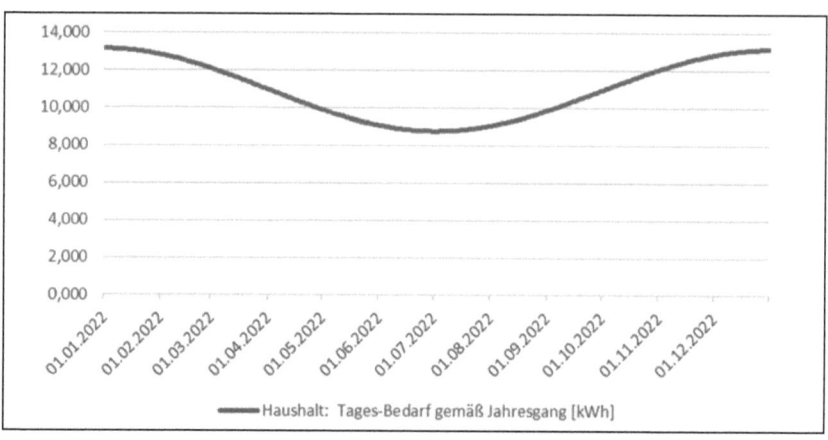

Abbildung 85:Jahresgang Strom-Bedarf Haushalt mit 4.000 kWh Jahres-Bedarf

Schließlich nehmen wir an, dass jeder Tag des Jahres einen Tagesgang aufweist: Am Morgen und Abend wird mehr Strom gebraucht als in der Nacht, mittags wird gekocht, abends Fernsehen geschaut oder gelesen, siehe Abbildung 86.

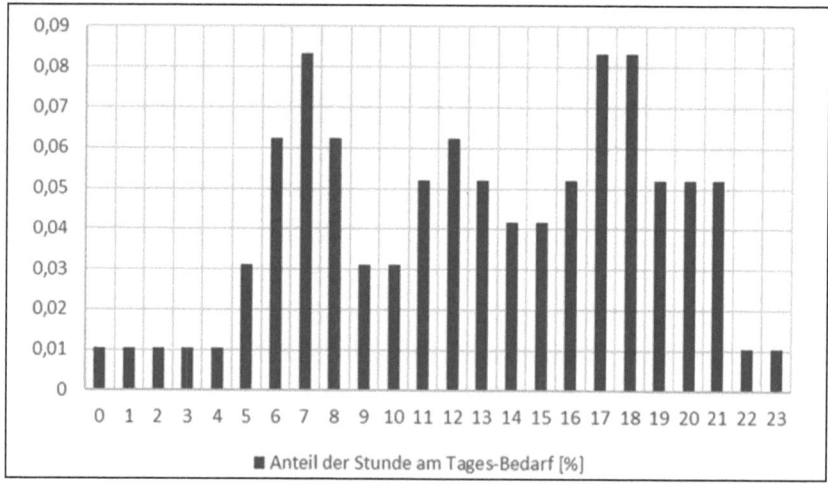

Abbildung 86: Tagesgang Strom-Bedarf Haushalt

Natürlich können diese Jahres- und Tagesgänge gegebenenfalls im Modellierungs-Tool auch anders modelliert werden. Ein Wochengang für den Haushalt wird nicht angenommen, da vermutlich der Strom-Bedarf der privaten Haushalte sich über die Woche kaum ändert.

Modellierung des Strom-Bedarfes für die Wärmepumpe:

Glaubwürdige Informationen über den Strom-Bedarf und die Effizienz von Wärmepumpen sind im Allgemeinen noch schwerer zu bekommen als glaubwürdige Informationen über Photovoltaik. Der Markt boomt und es sind viele Märchenerzähler unterwegs. Laut Abschnitt 4 können die Annahmen stark schwanken.

Gehen wir in dieser Modellierung von einem Jahres-Strom-Bedarf von 8.000 kWh aus, der sich aufteilt in 6.400 kWh für Heizung (80%) und 1.600 kWh für Warmwasser (20%).

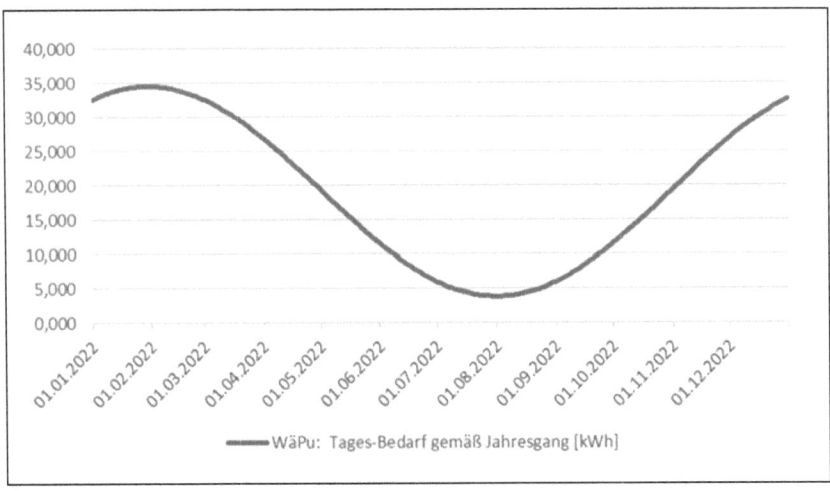

Abbildung 87: Jahresgang Strom-Bedarf Wärmepumpe mit 8.000 kWh Jahres-Bedarf

Wir modellieren den Jahresgang so, dass der Bedarf für Warm-wasser für alle Tage des Jahres konstant ist und der Bedarf für die Heizung einen Cosinus-förmigen Verlauf zeigt, der um einen Monat nach rechts verschoben ist, siehe Abbildung 87.

Im Tagesgang der Wärmepumpe modellieren wir eine Nacht-Ab-senkung: Wir nehmen an, dass zwischen 22 h und 6 h nur ein Drit-tel des Bedarfes der restlichen Stunden besteht, siehe Abbildung 88.

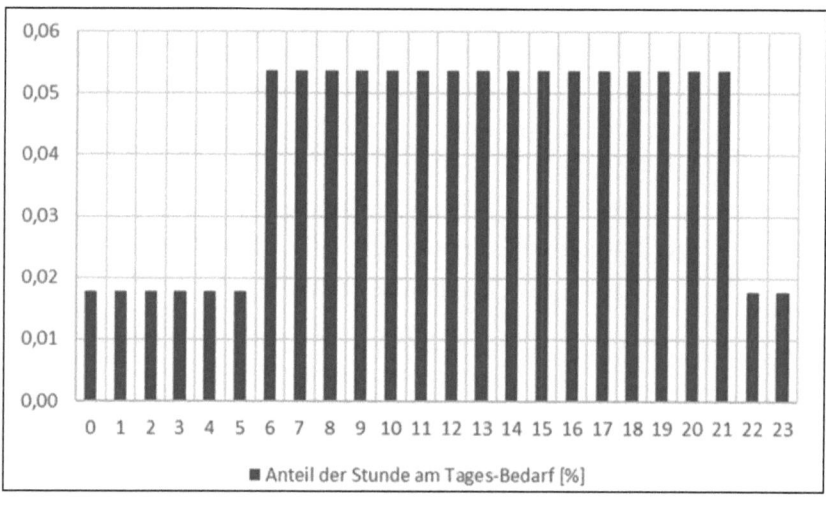

Abbildung 88: Tagesgang Strom-Bedarf Wärmepumpe

Anmerkung:

Die sogenannte Gradtagszahlen-Tabelle [73] stellt ein weiteres Mit-tel zur Modellierung eines Jahresgangs dar. Diese dient gemäß

---

73 www.ista.com/de/kontakt-service/fachwissen/gradtagszahlentabelle/

Heizkosten-Verordnung als Hilfsmittel, um bei einem Nutzer-wechsel die Kosten aufzuteilen.

Die Gradtagszahlen-Tabelle liefert einen Monats-bezogenen Jahresgang. Die folgende Abbildung zeigt einen Vergleich mit einem Monats-bezogenen Jahresgang auf Basis der Cosinus-Funktion: man sieht eine gute Übereinstimmung.

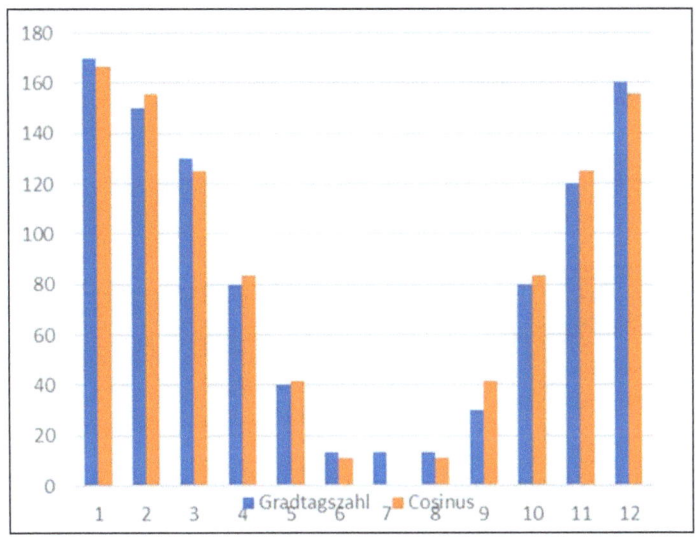

Abbildung 89 Vergleich Gradtagszahlen aus Heizkostenabrechnung mit Cosinus-Modell

Wir verwenden die Gradtagszahlen-Tabelle hier trotzdem nicht, weil sich deren Jahresgang nicht nur auf die Heizung, sondern auch auf das Warmwasser bezieht und wir annehmen, dass der Warmwasser-Bedarf einen konstanten Jahresgang hat.

Modellierung des Strom-Bedarfes für das E-Auto:

Wir unterstellen einen Jahres-Bedarf von 3.000 kWh und nehmen einen konstanten Jahresgang an, Abbildung 90. Angaben zur Reichweite von E-Autos variieren zwischen 15 kWh und 20 kWh pro 100 km[74]. Mit 3.000 kWh hätte man also im Jahr eine Reichweite zwischen 15.000 und 20.000 km.

Bezüglich des Tagesganges unterstellen wir, dass das Auto in der Nacht geladen wird, Abbildung 91.

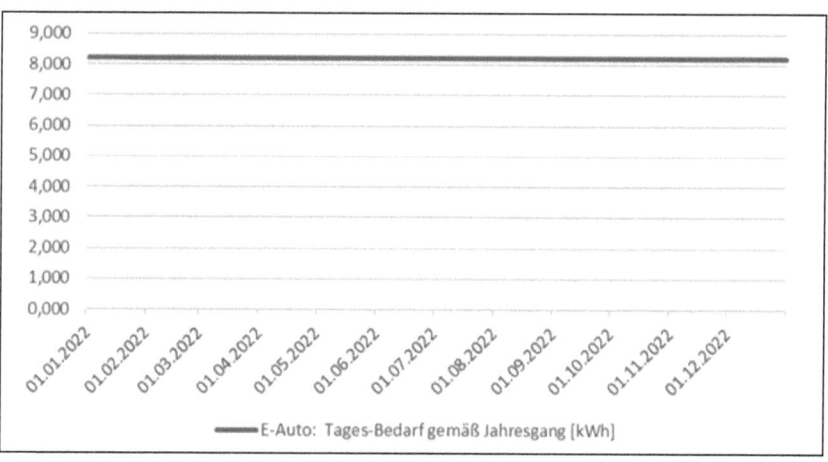

Abbildung 90: Jahresgang Strom-Bedarf E-Auto mit 3.000 kWh Jahres-Bedarf

---

74 www.verivox.de/elektromobilitaet/themen/verbrauch-elektroauto

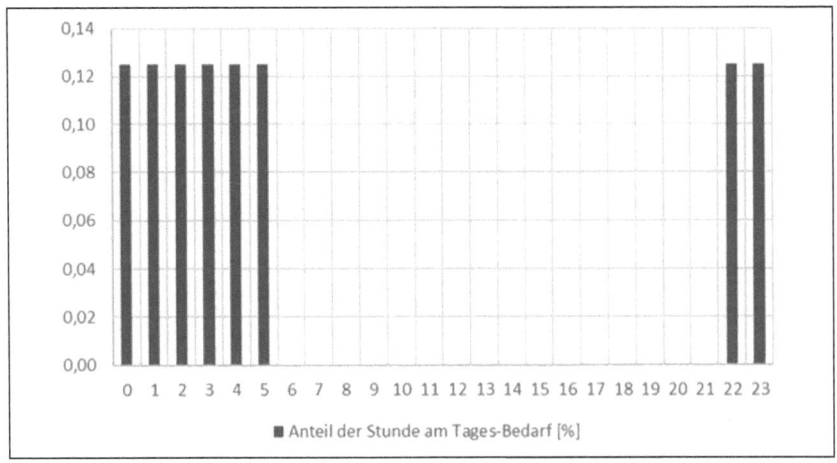

Abbildung 91. Tagesgang Strom-Bedarf E-Auto mit 8 Stunden Ladezeit in der Nacht.

14.4 Modellierung der Kosten

Folgende Kosten für Investition und Betrieb werden angesetzt.

Preis Paneele pro 1 kWp	750 €
Wechselrichter	4.000 €
Installationsmaterial	500 €
Installation PV	6.000 €
Wärmepumpe ohne zusätzliche Dämmung, Fußboden-Heizung, usw.	14.000 €
Preis Batterie pro 1kWh	1.000 €
Betriebskosten der Investition p.a.	3 %
Heizkosten klassisch ohne Wärmepumpe (incl. Wartung) p.a.	2.500 €

Abbildung 92: Private Haushalte: Angesetzte Kosten

Wiederum sind viele Kosten für die Zukunft kaum prognostizierbar, insbesondere die Stromkosten und -erlöse sowie die fossilen Heizkosten, die von den künftigen Öl- und Gaspreisen abhängen.

14.5 Konfigurationen und Amortisation

Für den Umwandlungsverlust der Batterie setzen wir 10% an. Für den Batterie-Füllstand zu Beginn eines Jahres setzen wir 0% an, weil auch größere Batterien in den Wintermonaten fast immer leer sind. Weiters nehmen wir an, dass alle Überschüsse ins Stromnetz exportiert werden können, d.h. keinerlei Abregelung stattfindet.

Konfiguration 1:

Konfiguration 1	
Solar-Panele [kWp]	15,00
Batterie-Kapazität [kWh]	10,00
Importkosten aus dem Netz [ct / kWh]	30,00
Exporterlöse in das Netz [ct / kWh]	8,60

Investkosten		Strom Bilanz p.a.	
Investkosten PV	21.750 €	Bedarf [kWh]	15.000
Investkosten Wärmepumpe	14.000 €		
		PV Erzeugung [kWh]	15.000
Investkosten Batterie	10.000 €		
		Gesamt Import p. a. [kWh]	7.457
Gesamtinvest PV+WäPu+Batterie	45.750 €		
		Gesamt Export p. a. [kWh]	7.176
		Eigenverbrauch = Erzeugung - Export [kWh]	7.824

Jährliche Kostenrechnung mit (PV + WäPu + Batterie + E-Auto)		Jährliche Kostenrechnung ohne (PV + WäPu + Batterie) mit E-Auto	
Gesamt Importkosten p. a.	2.237 €	Gesamt Importkosten p. a.	2.100 €
Gesamt Exporterlöse p. a.	617 €	Gesamt Exporterlöse p. a.	0
Betriebskosten der Investition p.a.	1.373 €	Betriebskosten der Investition p.a.	0
		Sonstige Heizkosten p.a.	2.500 €
Import- Export + Betrieb p. a.	**2.992 €**	**Import + Sonstige Heizkosten p. a.**	**4.600 €**

Amortisationszeit der Investition [Jahre]
28,5

In der Strom-Bilanz gilt immer: Eigenverbrauch + Export = PV-Erzeugung.

Es kann aber sein, dass Eigenverbrauch + Import > PV-Erzeugung ist wegen des Umwandlungsverlustes der Batterie.

Die Abbildungen 93 bis 95 zeigen die PV-Erzeugung im Vergleich zum Bedarf, den Batterie-Füllstand und den Import und Export. Man sieht das starke jahreszeitliche Auseinanderklaffen von PV und Bedarf: wenn der Bedarf hoch ist, ist PV niedrig und umgekehrt. Die kleine Batterie hilft nicht im Winter, es muss fast alles importiert werden. Von Autarkie kann keine Rede sein.

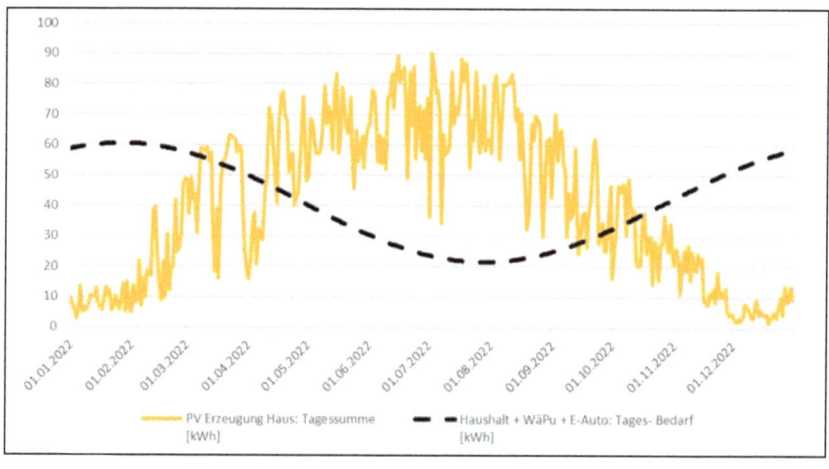

Abbildung 93:Private Haushalte Konfiguration 1: PV-Erzeugung und Bedarf

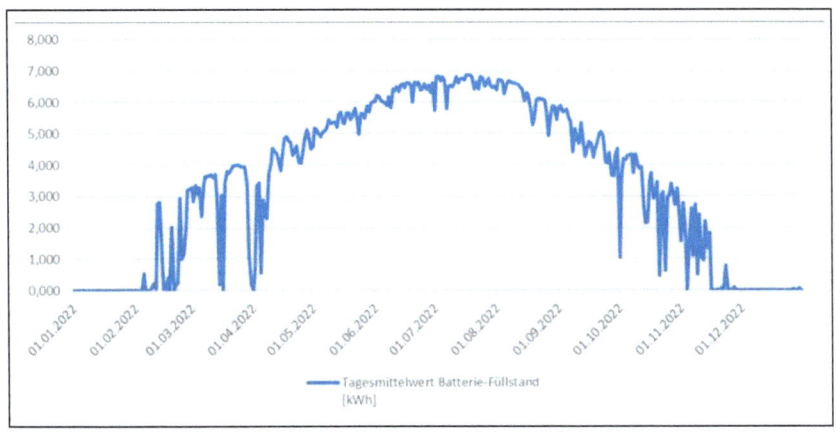

Abbildung 94: Private Haushalte Konfiguration 1: Batterie-Füllstand

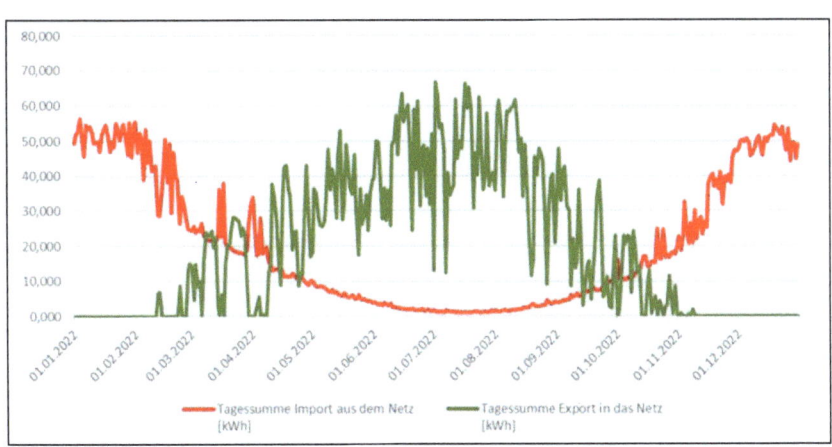

Abbildung 95: Konfiguration 1: Import und Export

Konfiguration 2:

Eine Vergrößerung der Batterie bei gleichbleibender Leistung der PV-Anlage verschlechtert sogar die Amortisationszeit dramatisch:

Konfiguration 2	
Solar-Panele [kWp]	15
Batterie-Kapazität [kWh]	30,0
Importkosten aus dem Netz [ct / kWh]	30,00
Exporterlöse in das Netz [ct / kWh]	8,60
Amortisationszeit der Investition [Jahre]	
50,1	

Konfiguration 3:

Erst eine deutliche Steigerung der PV-Leistung reduziert die Amortisationszeit, aber nur unter der Voraussetzung, dass die dann sehr großen Exporte auch wirklich abgenommen und nicht abgeregelt werden, siehe Abbildung 96.

Konfiguration 3	
Solar-Panele [kWp]	45
Batterie-Kapazität [kWh]	10,0
Importkosten aus dem Netz [ct / kWh]	30,00
Exporterlöse in das Netz [ct / kWh]	8,60
Amortisationszeit der Investition [Jahre]	
17,4	

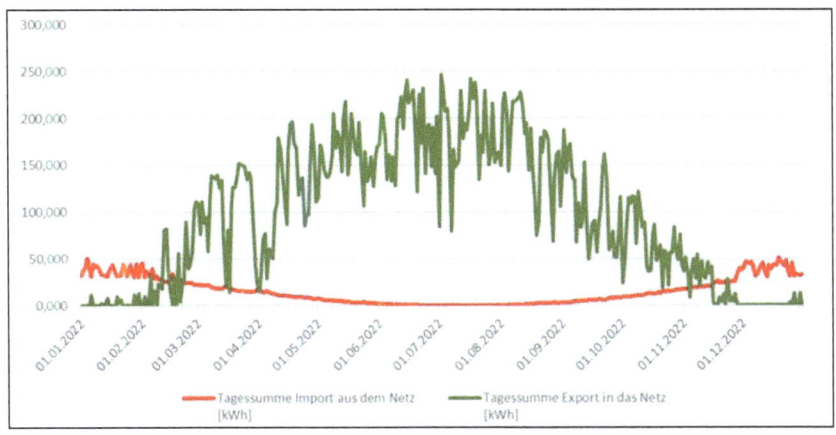

Abbildung 96:Private Haushalte Konfiguration 3: Importe und Exporte

Konfiguration 4:

Eine weitere deutliche Reduzierung der Amortisationszeit resultiert aus einer Erhöhung der angenommenen Importkosten und Exporterlöse, eine mögliche Entwicklung, die niemand voraussagen kann:

Konfiguration 4	
Solar-Panele [kWp]	45
Batterie-Kapazität [kWh]	10,0
Importkosten aus dem Netz [ct / kWh]	50,00
Exporterlöse in das Netz [ct / kWh]	20,00
Amortisationszeit der Investition [Jahre]	
8,3	

14.6 Photovoltaik im Laufe der Jahreszeiten

Auf Basis der Konfiguration 1 aus dem vorigen Abschnitt zeigen die folgenden Abbildungen die extremen Verläufe auf Stunden-Basis von PV-Erzeugung, Export in das Netz, Import aus dem Netz und Speicher-Füllstand, einmal für eine Woche im Sommer und einmal für eine Woche im Winter.

Man sieht, dass im Sommer beinahe Autarkie vorliegt, weil der Import marginal ist. Im Winter muss ein großer Teil des Bedarfes durch Strom-Import gedeckt werden.

Man beachte die unterschiedliche Dimensionierung der y-Achsen für den Sommer bzw. Winter.

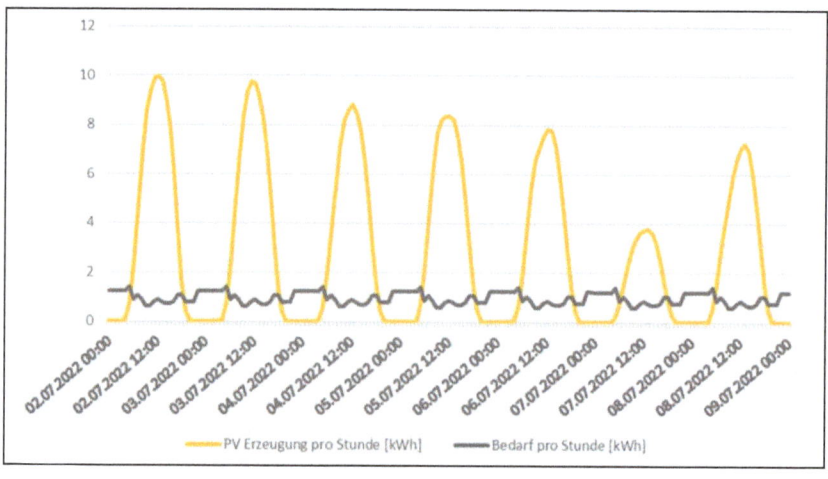

Abbildung 97: Private Haushalte: PV-Erzeugung und Bedarf im Sommer

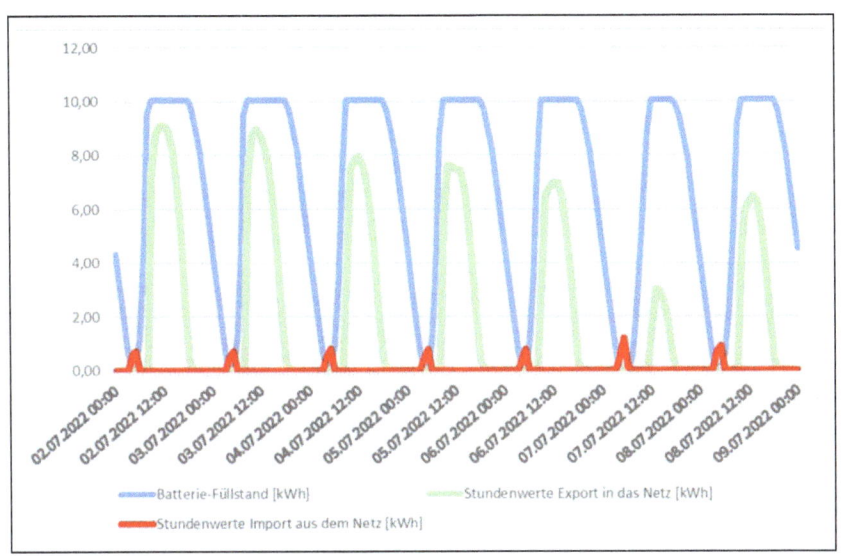

Abbildung 98: Private Haushalte: Import, Export und Batterie-Füllstand im Sommer

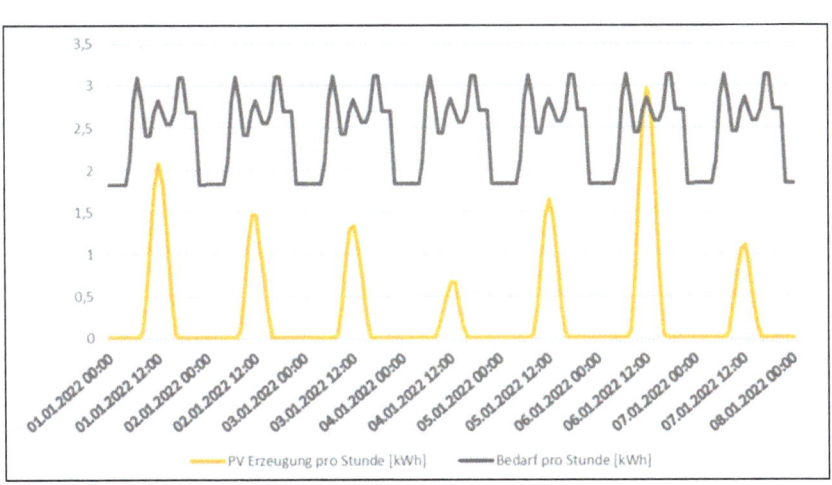

Abbildung 99: Private Haushalte: PV-Erzeugung und Bedarf im Winter

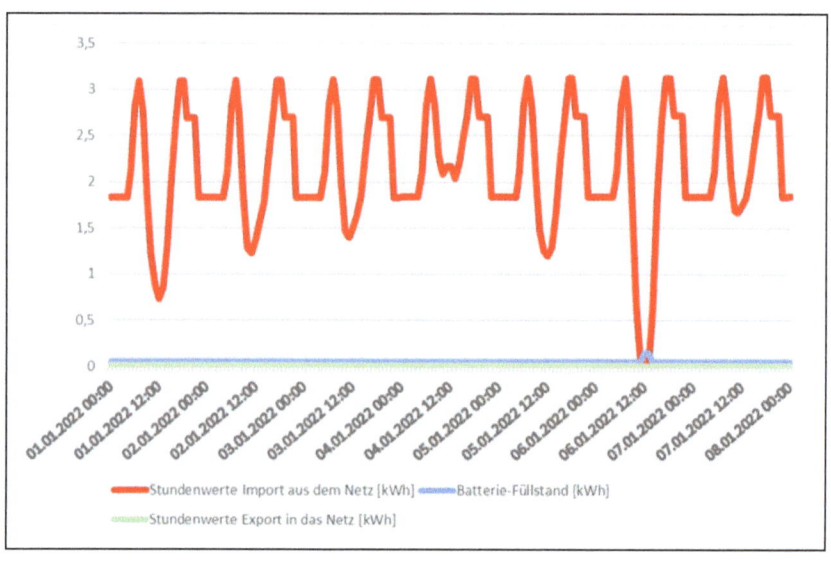

Abbildung 100: Private Haushalte: Import, Export und Batterie-Füllstand im Winter

14.7 Fazit

Wenn die Bewertung einer Investition in eine PV-Anlage anhand der erwarteten Amortisationszeit erfolgen soll, so liegt eine sehr weite Spannbreite in Abhängigkeit von der gewählten Konfiguration und dem Verbrauchsverhalten des Haushaltes vor. Letztlich sind nur Tendenzen und kaum allgemeingültige Aussagen aufzuzeigen.

Ein interessierter Investor kann daher nur versuchen, mit Hilfe einer sachkundigen Beratung die für ihn realistischen Möglichkeiten abzuschätzen.

15. Zusammenfassung und Fazit

Damit genug vom Ausflug in das „böse" Reich der Zahlen und Fakten, wobei die Autoren besonderen Wert auf die grafische Darstellung der Zahlen und Fakten legen, um die Sachverhalte auch anschaulich zu untermauern. Denn ein Bild sagt mehr als 1.000 Worte.

Allen grünen Energiewendern in Politik, Medien, Instituten, NGOs und Lobbygruppen weiterhin ein schönes Träumen bzw. gute Geschäfte, das böse Erwachen bleibt uns Steuerzahlern.

Dem Leser seien die weiteren Schlussfolgerungen bezüglich der technisch-wirtschaftlichen Folgen dieses Abenteuers überlassen, zusätzlich zu all den anderen Umbauplänen der „großen Transformation" Deutschlands zur Rettung unseres Planeten, die wohl in den Billionen-Bereich hineingehen werden.

Um eine Vorstellung von den Dimensionen der geplanten Umbauten zu erhalten, empfehlen wir noch einmal die Lektüre der „Big 5".

Es steht zu befürchten, dass – wenn sich nicht schnellstens sehr viel ändert in der Politik – Deutschland bis 2045 in Zustände geraten wird, die denen genau ein Jahrhundert davor nicht völlig unähnlich sind. Mit dem Unterschied allerdings, dass damals die finalen Zerstörungen von außen erfolgten und heute von innen.

Unsere Nachbarn machen eine Energiewende mit Klimarettung vor: Ein Kernkraftwerk mit der Leistung 1 GW kann 1.666 WKA

mit der Nenn-Leistung 3 MW und 20% Wirkungsgrad (laut offizieller Zahlen der Bundesnetzagentur) ersetzen.